热带果树高效生产技术丛书

澳洲坚果栽培与病虫害防治彩色图说

万继锋　曾　辉　王文林　李国平◎主编

中国农业出版社
农村设物出版社
北　京

图书在版编目（CIP）数据

澳洲坚果栽培与病虫害防治彩色图说/万继锋等主编．—北京：中国农业出版社，2022.12
（热带果树高效生产技术丛书）
ISBN 978-7-109-30039-2

Ⅰ.①澳…　Ⅱ.①万…　Ⅲ.①澳洲坚果－果树园艺－图解②澳洲坚果－病虫害防治－图解　Ⅳ.①S664.9-64②S436.64-64

中国版本图书馆CIP数据核字（2022）第175081号

中国农业出版社出版
地址：北京市朝阳区麦子店街18号楼
邮编：100125
责任编辑：史佳丽　黄　宇
版式设计：杜　然　　责任校对：吴丽婷　　责任印制：王　宏
印刷：北京缤索印刷有限公司
版次：2022年12月第1版
印次：2022年12月北京第1次印刷
发行：新华书店北京发行所
开本：880mm×1230mm　1/32
印张：3
字数：80千字
定价：30.00元

“热带果树高效生产技术丛书”编委会名单

编委会名单

主　　编：万继锋　曾　辉　王文林　李国平

参编人员（按姓氏笔画排序）：

杜丽清　杨　倩　邹明宏　宋喜梅

陈　菁　罗炼芳　涂行浩

目录

第一章　概述……1

一、栽培意义……1
二、发现、栽培历史及发展现状……2

第二章　主要种类与品种……10

一、主要种类……10
二、主要品种……12

第三章　生物学特性……30

一、主要器官特性……30
二、生长发育特性……34
三、对外界环境条件的要求……42

第四章　栽培技术……46

一、育苗……46
二、建园与定植……50
三、土肥水管理……51
四、树体管理……55
五、果实采收……56

第五章　病虫鼠害及其防治……58

一、主要病害及其防治……58
二、主要虫害及其防治……69
三、鼠害及其防治……85

主要参考文献……87

第一章 概　述

一、栽培意义

澳洲坚果（*Macadamia* spp.）又称夏威夷果、澳洲核桃、昆士兰坚果，属山龙眼科（Proteaceae）澳洲坚果属(*Macadamia* F. Muell)常绿乔木果树，原产于澳大利亚昆士兰州南部和新南威尔士州北部的东海岸亚热带雨林，在南纬25°—29°。

澳洲坚果属植物有22个种，可食用、有栽培价值的仅2个种，即：光壳种澳洲坚果（*M. integrifolia*）和粗壳种澳洲坚果（*M. tetraphylla*）以及它们的杂交种（*M. integrifolia* × *M. tetraphylla*）。粗壳种种仁率和含油量都低于光壳种，产品质地和风味也比不上光壳种，且加工产品易变成褐色，但含糖量高于光壳种。所以，目前推荐种植的优良品种均属于光壳种。粗壳种可作观赏树或绿化树种，也可作为光壳种嫁接的砧木。

澳洲坚果未成熟时外果皮青绿色，成熟时内果皮坚硬，呈褐色，带壳果（种子）呈球状，果仁乳白色，含油量达60%～82%，单不饱和脂肪酸含量约80%，含有人体必需的8种氨基酸在内的17种氨基酸，并含有相当丰富的钙、磷、铁和维生素B_1、维生素B_2。澳洲坚果果仁香酥滑嫩可口，有独特的奶油香味，并广泛用作菜肴、饼食、面包、糕点、糖果、巧克力和冰激凌等的配料。近年来澳洲坚果风靡全球，成为国际市场上最受欢迎的高级坚果之一。

澳洲坚果除了制作干果外，还可制作高级糕点、高级巧克力、高级食用油、高级化妆品等。此外，澳洲坚果的副产品也有多种用途。果皮含有14%适于鞣皮的鞣质，并含8%～10%的蛋白质，粉碎后可混作家畜饲料。果壳可制作活性炭或作燃料，也可粉碎作塑料制品的填充料。目前这些副产品仅被广泛用作坚果树下的覆盖物或育苗的培养基料。

澳洲坚果树形优美，枝叶稠密，花美丽而芳香，木材坚实细密，且耐粗放管理、抗病虫，是一种优良的园林绿化和用材树种。

二、发现、栽培历史及发展现状

（一）澳洲坚果的发现与栽培历史

1828年，在澳大利亚布里斯班（Brisbane）以南的宾利（Beenleigh）附近，探险家兼植物学家艾伦·坎宁安（Alan Cunningham）可能第一次记录了澳洲坚果，他称之为“莫顿湾板栗”（Moreton Bay Chestnut）。他采集的坚果标本保存在伦敦的英国皇家植物园里，但现在已经找不到了，因此不能确定它到底是黑豆树（一种高大的豆科乔木）还是澳洲坚果。

1843年，弗里德里希·威廉·路德维希·莱希哈特（Friedrich Wilhelm Ludwig Leichhardt，1813—1848年）在柏林大学（University of Berlin）学习期间，采集到不能食用的三叶澳洲坚果，称之为“马卢奇坚果”或“金皮坚果”，其标本现在还保存在墨尔本植物园，但莱希哈特未对其进行描述。

1857年，澳大利亚植物学家费迪南德·冯·穆勒（Ferdinand Jakob Heinrich von Mueller，1825—1896年）男爵和布里斯班植物园园长沃尔特·希尔（Walter Hill，1820—1904年）收集到了坚果树标本，穆勒于1858年将其命名为澳洲坚果（Macadamia），同时也建立了一个特有属*Macadamia*。

1858年，希尔在布里斯班河岸首次成功实现澳洲坚果的人工种植。1878—1888年间，斯塔夫(Charles Staff)在新南威尔士州里斯莫尔（Lismore）附近的Rous Mill种植了大约150株四叶澳洲坚果树幼苗，占地1.2公顷，这也是世界上第一个商业性澳洲坚果园。

1880年，美国加利福尼亚大学从澳大利亚引入澳洲坚果，作为观赏树在校内栽种。澳洲坚果早期引入夏威夷主要有3次活动：

1881年普尔维斯(William Herbert Purvis，1858—1952年)第一次引入澳洲坚果；1892年乔丹兄弟(Robert Alfred Jordan，1842—1925年；Edward Walter Jordan，1850—1925年)第二次引入澳洲坚果；1892—1894年间，夏威夷农林委员会（Board of Agriculture and Forcstry）再次引入澳洲坚果。1922年，试图将澳洲坚果商业化栽培，但未成功；1936年，美国夏威夷大学热带农业与人类资源学院(CTAHR)农业试验站(HAES)的J. H. Beaumount、R. H. Moltzau和W. B. Storey启动澳洲坚果品种选育计划，1948年W. B. Storey从20 000株实生结果树中选育出5个澳洲坚果品种。至1990年，CTAHR已从120 000株实生结果树的初选编号植株中选育命名14个澳洲坚果品种。

1937年，W. W. Jones和J. H. Beaumont在《科学》杂志上报道澳洲坚果枝条中营养的积累方式，为通过嫁接繁育优良品种打下基础。此后，夏威夷的澳洲坚果进入产业化发展轨道。直到20世纪80年代，夏威夷一直是世界上最大的澳洲坚果生产地区。因此，人们也把澳洲坚果称为“夏威夷果”。

澳洲坚果在北纬34°到南纬30°之间均有种植，涉及20多个国家和地区，近年来，宜植地带的世界各国都在积极发展这一新兴果树。但大多数商业性产区位于南北纬16°—24°，主产国为澳大利亚、美国、南非、中国、肯尼亚、哥斯达黎加、危地马拉、巴西等，其他生产国有斐济、新西兰、马拉维、津巴布韦、坦桑尼亚、埃塞俄比亚、委内瑞拉、墨西哥、秘鲁、萨尔瓦多、牙买加、古巴、越南、泰国、印度尼西亚、以色列等。据国际坚果与干果理事会、澳大利亚澳洲坚果协会、南非澳洲坚果种植者协会、美国农业部、中国农业农村部等不完全统计，2020年世界澳洲坚果种植面积为655.3万亩，果仁产量为6.3万吨。

（二）我国澳洲坚果产业的发展历程

我国澳洲坚果的发展经历了以下4个阶段：

1.引种试种阶段　我国最早引种澳洲坚果约在1910年，种植在台北植物园作为标本树；1931年，台湾嘉义农业试验站又从夏威夷引入种子和实生苗500株试种，1954年和1958年又两次引入，并分发了少量供民间种植；1940年，岭南大学（现中山大学）也从夏威夷引入少量种子种植实生苗于广州。但由于引入的实生树产量低，品质差异大，果仁率低，未形成商品性生产。

1979年，中国热带农业科学院南亚热带作物研究所（以下简称南亚所）开始进行澳洲坚果的引种试种研究。从此之后，我国澳洲坚果产业发展步入正轨。

1979年，南亚所首次从澳大利亚引入9个品种的嫁接苗：Keauhou (HAES 246)、Ikaika(HAES 333)、Kau (HAES 344)、Kakea(HAES 508)、Keaau(HAES 660)、Mauka(HAES 741)、Makai(HAES 800) 、Hinde (H2)、Own Choice (O. C.)，共1 353株。除部分在隔离观察期间死亡外，南亚所种植520株，余下部分分送广西壮族自治区亚热带作物研究所、四川省凉山彝族自治州亚热带作物研究所、云南省热带作物科学研究所、云南省德宏热带农业科学研究所、广东省云浮市林业局等单位试种。

1988年，夏威夷大学教授Phil Ito 又赠送南亚所7个品种：Purvis (HAES 294)、Beaumont (HAES 695)、Pahala (HAES 788)以及HAES 344、HAES 660、HAES 741、HAES 800的芽条，其中4个品种与从澳大利亚引入相同。

1992年，南亚所从澳大利亚堪培拉种质资源库引进种子1千克，育出125株。

1998年，南亚所从澳大利亚引进Yonik、Own Venture、Winks、HAES 814、NG18、HAES 783、DAD、HAES 922、HAES 842、B3/74等10个品种芽条。

从1979年开始，南亚所先后在广东省内布置了15个试种点，包括湛江市麻章区南亚所科研试验基地、深圳光明农场、揭阳市卅岭农场、普宁市林业科学研究所、普宁市大池农场、普宁华侨农场、惠来县四香农场、河源市东源县骆湖果场、惠州市博罗县下村农场、汕尾市陆河县林业科学研究所、英德市英红华侨农场、肇庆市鼎湖区水果示范场、茂名市生态农场。这些试种点大多地处台风区，除了南亚所科研试验基地和揭阳市卅岭农场外，其他试种点或因建设占用或因台风破坏，到1996年已基本毁坏，失去调查价值，广东省引种试种基本宣告失败。广东省早期试种失败的教训：澳洲坚果不能在有台风为害的热带地区种植。

随后，南亚所把发展重点向云南、广西转移。到1994年，南亚所的“澳洲坚果引种试种”研究成果通过农业部鉴定，1999年该成果获农业部科技进步二等奖。

“澳洲坚果引种试种”研究成果，解决了我国种植澳洲坚果这一基本问题。在一般管理条件下，定植后4～5年结果，第13年平均株产量6千克，产量达世界中等水平，果仁质量达到原产地（澳大利亚）优质果仁水平。

2.产业起步阶段 这一阶段由于产业刚开始起步发展，技术储备不足，哪些地区最适宜种植、该种植什么品种、种苗如何繁育以及丰产栽培管理技术等基本问题都没有得到解决，因此产业发展速度缓慢，全国平均每年新增种植面积不超过1万亩，主要由企业和农户自发种植。云南省出台了不少规划，但大多未能按计划组织落实，政府引导支持的作用不明显。

1987年9月，广西国营华山农场在灵山县最早开始商业化种植澳洲坚果，先后从南亚所引进HAES 246、HAES 333、HAES 344、HAES 508、HAES 660、HAES 741、HAES 800、H2、O.C.等9个品种苗木，种植了283亩，这是我国最早商业化种植的澳洲坚果园。至1994年，种植面积达到860亩。

1990年9月，广西金光农场在扶绥县种植了1 200亩澳洲坚果，至1998年种植面积达2 500亩。广西金光农场现被广西扶绥夏果种植有限公司收购。

1988年8月和1991年7月，云南省热区办和云南省农垦总局两次从南亚所引进H2、HAES 246、HAES 333、HAES 344、HAES 508、HAES 660、HAES 741、O.C.等品种嫁接苗2 100株，分别在云南省热带作物科学研究所、云南省黎明农工商联合公司、瑞丽市热带经济作物开发公司、西双版纳傣族自治州勐养农场、勐捧农场、大渡岗茶场、红河哈尼族彝族自治州坝洒农场、德宏傣族景颇族自治州遮放农场等试种。至1997年，勐养农场种植澳洲坚果941.40亩，勐捧农场1 954.5亩，云南省热带作物科学研究所5 000亩。

1996年7月，云南省德宏州澳洲坚果有限责任公司在盈江县太平基地、新城基地和莲花山基地分别种植澳洲坚果1 200亩、1 000亩和500亩，合计2 700亩；1997年7月，又分别在德宏傣族景颇族自治州芒市法帕镇万段和铜壁关镇南凯山建立澳洲坚果种植基地1 500亩。

1997—1998年，云南省德宏傣族景颇族自治州芒市清塘河永成农庄种植澳洲坚果700亩。

1994—2000 年，云南出现了澳洲坚果产业第一次发展热潮；但因品种和技术储备不足，加之产业链不完善，缺少加工企业，随后发展进入停滞期（2000—2003年）。已种植的果园因投入少、管理粗放，导致产量低、效益不高，造成一些果园低价转卖甚至砍伐改种。

20世纪80年代初，我国粤、桂、琼、滇、黔、川、闽等省份不少单位也开始引入优良品种试种，澳洲坚果从而成为我国南方各省份20年来引种试种最热门的果树之一，局部地区进行了大规模发展，但主要分布在云南和广西。

3.产业稳步发展阶段 2006年后，以南亚所“澳洲坚果国外九个主要品种的适应性及丰产栽培关键技术研究与示范推广”为代表的科研成果通过农业部成果鉴定（农科果鉴字〔2007〕第015号），育苗、栽培和品种选育等技术储备有了长足进步，产业链逐步完善，产业效益逐步凸显。同时，云南各地政府引导支持力度加大，主要通过苗木补贴的形式鼓励种植澳洲坚果。因此澳洲坚果产业发展速度加快，平均每年新增种植面积在1万亩以上。澳洲坚果产业进入稳步发展阶段。

4.高速发展阶段 我国澳洲坚果产业正以每年超过10万亩种

植面积的速度发展，迎来了1994—2000年第一次发展热潮后的第二次发展高潮。

云南各地政府通过退耕还林和苗木补贴，大力推进澳洲坚果产业发展，云南已成为世界种植澳洲坚果最多的地区。据云南省林业和草原局统计，截至2020年末云南省澳洲坚果种植面积为353万亩，占世界种植面积的53.8%，占全国种植面积的88.4%，主要分布于临沧、普洱、德宏、保山和西双版纳等5个州（市）。

广西和广东由于柑橘园（遭受“黄龙病”危害）、荔枝与龙眼低产果园改造都把澳洲坚果作为替代作物，各地政府也加大了推进澳洲坚果产业发展力度。

贵州也开始规模化发展，全省短期规划为10万亩，长期规划为80万亩。

近年来，我国澳洲坚果产业发展迅猛，成为世界澳洲坚果产业发展最快的国家之一。据农业农村部统计，2020年末我国澳洲坚果种植面积为399.3万亩，位居世界第一；因进入盛产期的面积较少和生产技术水平等原因，产量位于澳大利亚、南非之后，居世界第三位。

（三）我国澳洲坚果研究现状

我国从事澳洲坚果研究的单位主要有中国热带农业科学院南亚热带作物研究所、云南省热带作物科学研究所、广西壮族自治区亚热带作物研究所、广西南亚热带农业科学研究所和贵州省亚热带作物研究所等。科学研究的重点方向主要围绕产业发展需求、提升产业技术水平开展关键性应用技术研究。

1.种质资源研究 目前我国已经收集保存了比较丰富的澳洲坚果种质资源，已引进和收集澳洲坚果种质资源200多份，建立了“农业部景洪澳洲坚果种质资源圃”。南亚所收集保存澳大利亚和夏威夷引进品种50多个，实选材料100余份，其中大部分在贵州省亚热带作物研究所有备份；广西壮族自治区亚热带作物研究所收集保存国外引进品种60多个；云南省热带作物科学研究所收集保存国外引进品种60多个。我国是亚洲地区收集保存澳洲坚果种质资源最多的国家。

应用AFLP、ISSR和SRAP分子标记技术研究澳洲坚果的遗传多样性，结果表明我国所收集的澳洲坚果种质遗传基础较窄，大致可分为澳大利亚类群和夏威夷类群，研究结果可以为果园的品种搭配、品种鉴定、亲本选配以及后代的变异程度等提供理论依据。

2.新品种选育研究形成了较好的基础 南亚所从国外引进品种中选育了H2、HAES 922、O.C.、HAES 344等优良品种，自主选育了南亚1号、南亚2号、南亚3号、南亚12号、南亚116号等一批优良品种；选育的早花材料和实生选种研究取得进展，选育了一批当年种植、翌年就能开花的早花材料。广西南亚热带农业科学研究所选育的桂热1号在广西地区表现良好；云南省热带作物科学研究所、广西壮族自治区亚热带作物研究所和贵州省亚热带作物研究所的新品种选育也正在进行中，预计在不久的将来会出现一批新的优良品种。

3.育苗技术研究达到世界领先或先进水平 南亚所研发的“扦插繁殖快速育苗技术”（农科果鉴字〔2002〕第038号）采用常规设备，无须插床底部加温，方法简单、成本低、效果稳定、根系发达，大规模育苗成活率高，技术容易掌握推广。其核心技术获得发明专利（专利号：ZL 200910089779.8）。而国外扦插繁殖技术需在插床底部加温，设施复杂昂贵，难以推广。

南亚所研发的“基于WGD-3配方的澳洲坚果嫁接繁殖技术研究”（农科果鉴字〔2013〕第026号）采用操作最简便的劈接法和Parafilm蜡条包扎保护，接穗采用WGD-3配方预处理，不需要环割处理，具有成本低、成活率高、操作简便、嫁接速度快、抽梢数量多、植株生长迅速等优点，适于澳洲坚果大规模嫁接育苗应用。其核心技术获得发明专利（专利号：ZL 200910089778.3）。而国外嫁接育苗或需要枝条的环割处理，或需要复杂的温室设施，只有大型公司才能操作，在国内难以推广。

4.丰产栽培技术有新突破 南亚所研发的澳洲坚果丰产栽培关键技术（WGD-2配方）能显著提高澳洲坚果产量。丰产栽培技术试验的示范园，10年龄树的平均株产量（8.2 千克/株）和单位面积产量（2 580千克/公顷）超过了南非的水平，达到了澳大利亚10年龄树果园平均水平（2 500千克/公顷）；示范园的H2、344品种10年龄树，平均株产量为10.6～11.2 千克，亩产量达200千克，达到了澳大利亚同龄树平均产量水平。

5.初步建立了我国澳洲坚果产业标准体系 已经制订了澳洲坚果农业行业标准9项：NY/T 454—2018《澳洲坚果 种苗》、NY/T 693—2020《澳洲坚果 果仁》、NY/T 1521—2018《澳洲坚果 带壳果》、NY/T 3973—2021《澳洲坚果 等级规格》、NY/T 3602—2020《澳洲坚果质量控制技术规程》、NY/T 2809—2015《澳洲坚果栽培技术规程》、NY/T 1687—2009《澳洲坚果种质资源鉴定技术规范》、NY/T 2668.7—2016《热带作物品种试验技术规程 第7部分：澳洲坚果》、NY/T 2667.7—2016《热带作物品种审定规范 第7部分：澳洲坚果》；正在制定《澳洲坚果DUS测试指南》；基本建立了我国澳洲坚果产业的技术标准体系。建成澳洲坚果标准化生产示范园8个。

第二章 主要种类与品种

一、主要种类

澳洲坚果属山龙眼科，该科大约有60个属1 300个种。澳洲坚果属有22个种（表 2-1），原产澳大利亚的有10个种，原产新喀里多尼亚的有6个种，原产马达加斯加的有1个种，原产西里伯岛的有1个种。在这些种类中，绝大多数因果仁小、味苦，内含氰醇苷而不能食用。可食用的已被商业化栽培的只有2个种，即光壳种(*Macadamia integrifolia*)和粗壳种(*Macadamia tetraphylla*)。

表2-1 世界澳洲坚果属名录

序号	种名	序号	种名
1	*Macadamia alticola* Capuron	12	*M. lowii* F. M. Bailey
2	*M. angustifolia* Virot	13	*M. minor* F. M. Bailey
3	*M. claudiensis* C.L.Gross & B.Hylan	14	*M. neurophylla* (Guillaumin) Virot
4	*M. erecta* J.A.McDonald & Ismail	15	*M. praealta* (F.Muell.) F. M. Bailey
5	*M. francii* (Guillaumin) Sleumer	16	*M. rousselii* (Vieil1.) Sleumer
6	*M. grandis* C.L.Gross & B.Hyland	17	*M. ternifolia* F. Muell.
7	*M. heyana* (Bailey) Sleumer	18	*M. tetraphylla* L. A. S. Johnson
8	*M. hildebrandii* Steenis	19	*M. verticillata* F. Muell. ex Benth
9	*M. integrifolia* Maiden & BetcbeBetche	20	*M. vieillardii* (Brongn. & Gris) Sleumer
10	*M. jansenii* C.L.Gross & P.H.Weston	21	*M. whelanii* (F. M. Bailey) F. M. Bailey
11	*M. leptophylla* (Guillaumin) Virot	22	*M. yongiana* (F. Muell.) Benth

资料来源：The International Plant Names Index (IPNI) 和 Australian Plant Name Index (APNI)。

最具商业化栽培或观赏价值的3个种主要性状如下：

（1）全缘叶澳洲坚果（*M. integrifolia* Maiden & Betche），俗名澳洲坚果、光壳澳洲坚果。

原产于澳大利亚昆士兰大分水岭东海岸热带雨林，南纬25°—28°，即昆士兰州和新南威尔士州边界的麦克弗森山脉（Mcpherson Range）向北延伸至玛丽河（Mary River）下游，约长442千米、宽24千米的地带。

树冠高达18米、宽15米，小枝颜色比三叶澳洲坚果（*M. ternifolia*）淡，新梢淡绿色。叶倒披针形或倒卵形，叶长10.2～30.5厘米、宽2.5～7.6厘米，有叶柄，叶全缘或几乎全缘，叶顶端圆形。三叶轮生，偶见四叶轮生，小实生苗和新梢有二叶对生现象。花序长10.2～30.5厘米，着花100～300朵，花白色。果实成熟高峰期，在澳大利亚为3—6月，在夏威夷为7—11月，在加利福尼亚为11月至翌年3月，在广东湛江为8月中旬至9月底。此外，老树一年中几乎每个月都有零星开花结果现象，因此，有时亦称这个种为“连续结果种”。果圆形，果皮无茸毛，呈亮绿色。果壳光滑，壳果直径1.3～3.2厘米。果仁味香，白色，质量很高。目前商业化栽培的绝大多数品种来自此种。

（2）四叶澳洲坚果（*M. tetraphylla* L.A. S. Johnoson），俗名澳洲坚果、粗壳澳洲坚果、刺叶澳洲坚果。

原产于澳大利亚大分水岭东面热带雨林，南纬28°—29°，即昆士兰州东南部库马拉河（Coomera River）和纳瑞河（Nerang River）以南至新南威尔士州东北部的里士满河（Richmont River），距离约120千米的地带。

树冠开张，高达15米、宽18米，小枝暗黑色，但颜色又比三叶澳洲坚果稍淡，新梢嫩叶呈红色或粉红色，偶见因缺花青苷色素而变淡黄绿色。叶倒披针形，叶长10.2～50.8厘米、宽2.5～7.6厘米，无叶柄或近无叶柄，叶缘多刺，叶顶端尖。四叶轮生，偶见三叶或五叶轮生，小实生苗二叶对生。花序着生在老态小枝上，一般枝条顶部最早成熟的节先抽生花序，花序长15.2～20.3

厘米，着花100～300朵，花粉红色，偶见个别单株因缺花青苷色素而变乳白色。果实成熟高峰期，在澳大利亚为3—6月，在夏威夷为7—10月，在加利福尼亚为9月至翌年1月，在广东湛江为8月中旬至9月底，一年只结一次果。果椭圆形，果皮灰绿色，密生白色短茸毛。果壳粗糙，壳果直径1.2～3.8厘米。果仁颜色比光壳种深，果仁质量和质地变化较大。该种也具有重要的商业栽培价值，耐寒力比光壳种强，若作为砧木，比其他种生长快且整齐，更抗疫霉菌（*Phytophthora*）引起的根病。由于果仁质量变化较大，最好种植经选育的品种。

（3）三叶澳洲坚果(*M. ternifolia* F. Mueller)，俗名昆士兰小坚果。

原产于澳大利亚大分水岭东面热带雨林，南纬26°—27°30′，即昆士兰州布里斯班（Brisbane）西北的桑福德山谷（Sanford Vallty）向北延伸，与全缘叶澳洲坚果分布区部分重叠。

该种与别的种易混淆，很难精确描述。树形较小，树冠高和宽均极少超过6.5米，多主干，多分枝，小枝暗黑色，新梢红色。叶披针形，叶小，长不超过15.2厘米，有叶柄，叶缘有刺。三叶轮生，实生小苗有的仅二叶对生。花序小，长5.1～12.7厘米，着花50～100朵，粉红色。果实成熟高峰期，在澳大利亚为4月，在加利福尼亚为11月。果皮灰绿色，有浓密的白色茸毛，果壳光滑，壳果直径0.61～0.95厘米。果仁苦，味道不好，目前仅作为观赏植物。

二、主要品种

（一）世界各国选育的主要品种

澳洲坚果商业栽培品种均选自光壳种(*M. integrifolia*)和粗壳种(*M. tetraphylla*)以及两个种的杂交后代。目前世界各国选育的澳洲坚果品种已超过540个，开展选育的国家和地区主要有美国的夏威夷和加利福尼亚，澳大利亚、南非、巴西和新西兰等。

1.美国夏威夷 夏威夷澳洲坚果的育种始于1936年美国夏威夷大学的农业试验站（HAES），热带农业与人类资源学院（CTAHR）具体负责该项工作，目前世界上大多数品种来自夏威夷品种。J. H. Beaumont、R. H. Moltzau和W. B. Storey于1936年正式启动品种选育计划，1948年，W. B. Storey从20 000株实生结果树中选育出了5个澳洲坚果品种。至1990年，CTAHR 已从120 000株实生树的初选编号植株中命名了14个品种（表2-2）。

表2-2 夏威夷已命名的澳洲坚果品种

育成年份	品种编号	品种名称	育种者
1948	246	Keauhou	W. B. Storey
1948	336	Nuuanu	W. B. Storey
1948	386	Kohala	W. B. Storey
1948	425	Pahau	W. B. Storey
1948	508	Kakea	W. B. Storey
1952	333	Ikaika	R. Hamilton
1952	475	Wailua	R. Hamilton
1966	660	Keaau	R. Hamilton
1971	344	Kau	R. Hamilton
1977	741	Mauka	R. Hamilton和P. Ito
1977	800	Makai	R. Hamilton 和P. Ito
1981	294	Purvis	R. Hamilton和P. Ito
1981	788	Pahala	R. Hamilton和P. Ito
1990	790	Dennison	R. Hamilton和P. Ito

注：根据Shigeura和Ooka (1983)、Hamilton和Ito (1984)、Stephenson等（1999）整理。

通过多年的品种区域性试验，CTAHR于20世纪80年代初推荐了HAES 294、344、508、660、741、788、800等品种供夏威夷生产上使用。这7个品种的平均单个果仁重2.8克，出仁率40.4%，一级果仁率96%。1990年，CTAHR又推荐HAES 790作为夏威夷商业化种植的品种。此后，夏威夷又陆续筛选出HAES 814、816、843、849、835、856、857、900、950、915等澳洲坚果单株，其中有发展前途而未命名的单种HAES 816、835、856、915等正在多个地区进行品种区域性试验。

就品种使用的情况而言，HAES 344是主要的栽培种，占夏威夷澳洲坚果总面积的32%（个别农场高达50%）；其次为HAES 246（占16%）、333（占15%）、660（占9%）、508（占7%）等，其中最早的品种HAES 246、333和508正逐步被HAES 344所替代。

2.澳大利亚 澳大利亚的澳洲坚果育种始于1948年，但起初的选育工作并未受到足够重视。澳大利亚最初的澳洲坚果商业化种植完全依赖于夏威夷选育的品种，然而夏威夷和澳大利亚的气候条件不同，夏威夷品种在澳大利亚的表现均不如在夏威夷本土的理想。因此，澳大利亚开始注重培育适合本国种植的澳洲坚果新品种。充分利用自身得天独厚的野生资源优势，先后对近10 000个入选材料进行了筛选，已选出以Own Choice、H2、A4、A16等为代表的优良品种或单株90多个，为澳大利亚澳洲坚果产业发展奠定了良好基础（表2-3）。

表2-3 澳大利亚选育的澳洲坚果品种

品种类型	品种代号	品种名称	育种者或发布者
M. integrifolia	A38	HVA38	Hidden Valley Plantations
	A268	HVA268	Hidden Valley Plantations
	A29	HVA29	Hidden Valley Plantations
	A203	HVA203	Hidden Valley Plantations
	A90	HVA90	Hidden Valley Plantations
	Own Venture	Own Venture	N. R. Greber

（续）

品种类型	品种代号	品种名称	育种者或发布者
M. integrifolia	Probert	Probert	E. Nicholson
	Kopp	Kopp	R. Misfield
	Dadw	Daddow	R. Misfield和N. R. Greber
	H2	Hinde	Ross和Wills
	O.C.	Own Choice	N. R. Greber
	Ebony	Ebony	N. R. Greber
	Release	Release	N. R. Greber
	Tinana	Tinana	Ross和Wills
	MIVI-G	MIVI-G	昆士兰州农业和渔业部（DAF）
	MIVI-J	MIVI-J	昆士兰州农业和渔业部（DAF）
	MIVI-P	MIVI-P	昆士兰州农业和渔业部（DAF）
	MIVI-R	MIVI-R	昆士兰州农业和渔业部（DAF）
M. integrifolia × *M. tetraphylla*	A232	HVA232	Hidden Valley Plantations
	A16	HVA16	Hidden Valley Plantations
	A4	HVA4	Hidden Valley Plantations
	A104	HVA104	Hidden Valley Plantations
	Ren	Renown	N. R. Greber
	Nutty Glen	Nutty Glen	N. R. Greber
	NRG	NRG43 Amamoor，Qld，Aus	N. R. Greber
	A199	HVA199	Hidden Valley Plantations
	GrHy	Greber Hybrid	N. R. Greber
	Yng1	Young 1	R. Young
	Bmnt	Beaumont（695）	R. G. Kebby
	Flaxton	Flaxton	Ross和Wills
	Elimbah	Elimbah	Ross和Wills

（续）

品种类型	品种代号	品种名称	育种者或发布者
M. integrifolia × *M. tetraphylla*	Greber	Greber	Ross和Wills
	Teddington	Teddington	Ross和Wills
M. tetraphylla	Tan	Tanya	—
	Mel	Melina	—
	Howard	Howard	Ross和Wills

注：根据Vithanage和Winks(1992)、Peace等(2002)、Topp等(2019)整理。

澳大利亚最早从事澳洲坚果育种的是Norm Greber，被公认为澳大利亚澳洲坚果产业之父，他一生选育了O. C.、Own Venture、Renown、Ebony 和Greber Hybrid 等优良品种。一些品种现仍在世界各地种植，深受人们喜爱；另一些品种则被作为亲本材料，培育出了更优良的品种。当前澳大利亚最有影响力的品种当属H. F. D. Bell在其私人种植场Hidden Valley Plantations选育的A系列，A4、A16是其中的杰出代表，其单个果仁重平均分别达3.5克、2.9克，平均出仁率大于45%，这两个品种分别有100%、99%的果仁含油量在72%以上，申请并获得了澳大利亚、美国和国际新品种保护协会（UPOV）新品种保护。

目前，在澳大利亚广泛种植的12个品种为：HAES 246、849、508、333、800、741、660、344和澳大利亚本土选育的H2、A4、A16、A38。

3.南非 南非的澳洲坚果引种始于20世纪30年代，主要引进澳大利亚和美国夏威夷、加利福尼亚的种子，用于建设第一批果园。70年代后，南非的苗圃开始通过无性繁殖培育良种苗木。夏威夷的HAES 246、344、660、741、788、791、800、814、816和澳大利亚的A4、A16等品种在南非的品种结构中占很高的比例。选育适合当地种植的品种主要在南非的内尔斯普鲁特（Nelspruit）

热带亚热带作物研究所（ITSC）进行，选育材料主要来自夏威夷和澳大利亚种子繁殖的实生树。通过40多年的实生选种，南非澳洲坚果产业中自选品种已占很大比例，约为25%。其中，最受欢迎的本地种为Nelmak 2和Nelmak 26，发布于20世纪70年代，可能是夏威夷实生树在南非选育出的Nelmak 1的后代；南非的Reim喜爱味道更甜的粗壳种，培育出了60 000株粗壳种实生树，分布于南非各地，从中选育出的R14、W148和W266表现佳；从起源于美国加利福尼亚州的Faulkner的有性后代中也选育出了多个品种，如UNP-F1、UNP-4等（表2-4）。

通过多年的品种区域性试验，Allan于1997年推荐了4个品种，即HAES 788（Pahala）、HAES 800（Makai）、HAES 741（Mauka）和HAES 816供生产上应用。1999年，南非种植最多的5个品种为：HAES 695、HAES 344、HAES 791、HAES 788和N2，占总种植面积的72%。

表2-4　南非选育的澳洲坚果品种

品种类型	品种名称	育种者或育种单位
M. integrifolia × *M. tetraphylla*	Nelmak 1	热带亚热带作物研究所（ITSC）
	Nelmak 2	热带亚热带作物研究所（ITSC）
	Nelmak 26	热带亚热带作物研究所（ITSC）
M. integrifola	Reim's Int 1	Reim
	Reim's Int 2	Reim
	UNP-F1	纳塔尔大学（University of Natal）
	UNP-F4	纳塔尔大学（University of Natal）
M. tetrphylla	Reim's Tet 1	Reim
	Reim's Tet 2	Reim
	Reim's Tet 3	Reim
	R14	Reim

（续）

品种类型	品种名称	育种者或育种单位
M. tetrphylla	W148	Reim
	W266	Reim

注：根据Peace等(2014)整理。

4.其他地区 美国加利福尼亚选育出了Burdick、Faulkner、Hall、Jordan、Parkey、Santa Ana等品种；肯尼亚选育出了Kiambu 3、Embul、Kirinyagal 5、Muranga 20等品种；以色列选育出了A9/9、A2/27、Yonik等品种，推荐种植品种为Yonik和Beaumont；新西兰选育出了PA39、GT1、GT2、GT201、GT207等品种；巴西选育出了Keaumi和Keaudo。

我国的澳洲坚果育种起步较晚，目前生产上应用的主要是从澳大利亚和美国夏威夷引进的品种。品种选育工作主要在中国热带农业科学院南亚热带作物研究所、广西壮族自治区亚热带作物研究所、广西南亚热带农业科学研究所和云南省热带作物科学研究所等单位开展，至今已筛选出实生优良单株100多个，已经选育出6个具有自主知识产权的澳洲坚果品种，其中中国热带农业科学院南亚热带作物研究所选育出5个优良品种：南亚1号、南亚2号、南亚3号、南亚12号、南亚116号，广西南亚热带农业科学研究所选育出1个优良品种：桂热1号。

（二）我国主要栽培品种

1. Beaumont（695） 该品种为光壳种和粗壳种的杂交种，在加利福尼亚是一个主栽品种，在南非种植最多，壳果产量最高达10吨/公顷（图2-1）。1988年由夏威夷大学P. Ito教授赠送给南亚热带作物研究所。

该品种的工厂出仁率达39%，一级果仁率95%～100%。根系发达，生长势旺盛，花为淡红紫色，在南非普遍使用扦插苗作砧木嫁接其他品种或直接种植扦插苗。在我国广东湛江地区，抗风性较好，产量一般，鼠害较重；在广西南宁，早结性好，早期丰产。

该品种较适宜冷凉地区种植。因其花期长，也很适合作为其他品种的授粉树。该品种被农业部列入我国“十三五”期间第一批热带南亚热带作物主导品种，适宜在广西桂中以南无严重霜冻、无明显台风影响地区推广种植。

图2-1　Beaumont（695）

2. Own Choice(O. C.)　该品种为光壳种，是从澳大利亚昆士兰州比瓦（Beerwah）地区野生丛林中选出的品种（图2-2）。1979年引入我国。

该品种树冠密集，灌木形，开张。枝条小而多，叶小扭曲，叶缘无刺或极少刺，反卷。带皮果卵圆形，平均单粒鲜重19.68克，带壳果中等大，平均单粒干重7.75克，果仁平均单粒干重2.7克，出仁率33%～37%，一级果仁率95%～100%，果仁品质较好。果实成熟后约80%的果黏留在树上不脱落。该品种具有早结、丰产、稳产特点，定植后2.5～3年即开花结果，10年生树平均单株产带壳果11.17千克，大小年结果现象不明显，但该品种开花期较其他种早，花期较长，果壳较薄，鼠害较重。

该品种被农业部列入我国热带南亚热带作物主导品种，适宜在云南、广西、广东、贵州等无严重霜冻、无明显台风影响地区推广种植。

图2-2 Own Choice(O. C.)

3. Hinde(H2) 该品种为光壳种，是从澳大利亚昆士兰州吉尔斯顿（Gilston）地区选出的品种（图2-3）。1979年引入我国。

在新南威尔士州，该品种比任何一个澳大利亚品种表现都好，早结性比夏威夷品种246、508都好。高产稳产，10年生单株产量18千克。树冠疏朗，中等直立，分枝长，健壮。叶短而宽，很像灯泡，末端圆，叶基较窄，叶全缘呈波浪形，极少刺或无刺。带皮果球形，平均单粒鲜重15.43克。带壳果中等大，平均单粒干重7.05克，形状不规则。种脐部宽大，紧黏着一块果皮，旁边有一明显的凹陷窝。果仁平均单粒干重2.33克，出仁率30%～35%，一级果仁率85%～90%。抗风性差，有少量果实成熟后不脱落，果实比其他品种难脱皮。适宜在气候较凉的地区种植。实生苗生势旺，成苗整齐，常被选作砧木材料。对广东、广西10～16年树龄的果园调查表明，H2品种早结、丰产、稳产，但抗风性差，鼠害重。由于H2每年结果量大，若肥水管理水平低，则H2品种的树势比其他品种更容易出现衰退病症。

该品种被农业部列入我国热带南亚热带作物主导品种，适宜在云南、广西、广东、贵州等无严重霜冻、无明显台风影响地区推广种植。

图2-3　Hinde (H2)

4. A4　该品种为光壳种和粗壳种的杂交种，是澳大利亚1987年开始广泛推广种植的新品种之一（图2-4）。早结、高产，4年生单株产量0.85千克，12年生单株产量23.5千克。较抗风，花量及早期产量胜于绝大多数品种。A4的花期居各品种的中前期，有分批开花（即第一、第二批花和后期花）现象。成熟期集中，整个收获期短，且无成熟果实挂树现象。果仁粒大，质量高，适宜加工。果仁平均单粒干重3.6～3.8克，出仁率高达43%～47%，一级果仁率99%～100%。缺点是有高度的自交不孕性，不宜单一品种连片种植，与其他品种混种时产量则大幅度增长。该品种还具有一些粗壳种的特性，种壳较薄，易受鼠害。

该品种被农业部列入我国“十三五”期间第一批热带南亚热带作物主导品种，适宜在云南临沧、德宏、保山、普洱和西双版纳地区推广种植。

图2-4　A4

5. A16（922）　该品种为光壳种和粗壳种的杂交种，是澳大利亚1987年开始广泛推广种植的新品种之一（图2-5）。大田性状表现优良，比任何一个选系或已命名的品种都好，比A4约迟18个月进入生殖生产期。但同等树龄，A16的后期产量超过A4。果仁质量高，果仁平均单粒干重3.0～3.5克，出仁率44%～47%，一级果仁率99%～100%。在现行真空密封罐条件下，A16果仁明显比其他品种耐贮藏。A16具有杂交种的一些特性，但它的性状比A4更接近光壳型种，种壳薄，易受鼠害。

中国热带农业科学院南亚热带作物研究所在广东试验表明，该品种树势中等，较开张，枝梢较软，分枝较少，较耐高温高湿，抗风、较适宜密植。该品种结果较早、丰产，5年生、6年生和7年生树平均株产带壳果分别为2.67千克、4.57千克和6.16千克，折合亩产带壳果分别为87.95千克、150.81千克、203.28千克。带皮果卵圆形，亮绿色，平均单粒鲜重19.22克；带壳果深褐色，椭圆形，平均单粒干重7.15克；果仁较大，乳白色，平均单粒干重2.72克。出仁率37.9%，一级果仁率100%，含油率76.1%。果仁中总糖含量2.2%，蛋白质含量9.7%。

该品种被农业部列入我国“十三五”期间第一批热带南亚热带作物主导品种，适宜在云南、广西、广东、贵州等无严重霜冻、无明显台风影响地区推广种植。

图2-5　A16（HAES 922）

6.南亚1号　该品种为光壳种，是中国热带农业科学院南亚热带作物研究所从澳洲坚果实生后代群体中选出的品种（图2-6），

2010年1月通过广东省农作物品种登记（品种登记号：粤登果2010001），2013年5月通过广西壮族自治区农作物品种登记（品种登记号：桂登果2013004）。

该品种树冠呈圆形，树势较开张，枝梢健壮，颜色深绿。三叶轮生，叶片扭曲，叶基较窄，叶端较尖，叶柄较短，叶缘波浪形、多刺，叶片两面的叶脉、侧脉和大量的细网脉明显可见。总状花序腋生、下垂，花序较长，小花两性、乳白色，无真正的花瓣，而是4个花瓣状萼片连成管状花被。带皮果较大，平均单粒鲜重22.86克。带壳果棕红色，斑点较大，蒂部分布较集中，萌发孔较大，平均单粒干重8.43克。果仁平均单粒干重2.89克。出仁率37.2%～37.8%，一级果仁率100%，含油率76.4%～80.5%。果仁中总糖含量2.3%，蛋白质含量8.45%，品质优。

该品种定植后第3年开花率达70.8%，部分植株挂果，第4年结果率75%以上，第5年结果率100%。5年生树平均株产带壳果2.14千克，9年生树平均株产带壳果11.35千克。结果早、丰产优

图2-6 南亚1号

质，经济性状优良。适宜广东、广西等无严重霜冻、无明显台风影响地区种植。

7.南亚3号　该品种为光壳种，是中国热带农业科学院南亚热带作物研究所从澳洲坚果实生后代群体中选出的品种（图2-7），2011年1月通过广东省农作物品种审定委员会审定（品种审定号：粤审果2011003）。

该品种树冠呈圆形，树势较开张，枝梢健壮、分枝力中等，颜色深绿。叶片长椭圆形，三叶轮生，叶较短，叶缘反卷，刺较少、均匀分布，叶片两面的叶脉、侧脉和大量的细网脉明显可见。总状花序腋生、下垂，花序较长，小花两性、乳白色，无真正的花瓣，而是4个花瓣状萼片连成管状花被。带皮果卵圆形、颜色深绿，果皮略粗糙，果柄中等大，平均单粒鲜重19.75克。带壳果中等大、深褐色、近球形，表面光滑、有光泽，斑纹多且分布较广，萌发孔小，平均单粒干重6.95克。果仁较大，乳白色，平均单粒干重2.63克。出仁率36.8%～38.2%，一级果仁率98.9%～100.0%，含

图2-7　南亚3号

油率75.3%～78.7%。果仁中总糖含量4.2%～5.7%，蛋白质含量8.72%～9.04%。

该品种丰产性能较好，定植后第4年开花株率达86%，结果株率52%，第5年结果株率100%。5年生植株平均株产带壳果3.36千克，6年生植株5.81千克，7年生植株9.97千克，9年生植株13.26千克。适应性广，粗生易管，早结丰产，品质优良。

该品种被农业部列入我国"十三五"期间第一批热带南亚热带作物主导品种，适宜在云南、广西、广东、贵州等无严重霜冻、无明显台风影响地区推广种植。

8.南亚12号　该品种为光壳种，是中国热带农业科学院南亚热带作物研究所从澳洲坚果实生后代群体中选出的品种（图2-8），2013年6月通过广东省农作物品种审定委员会审定（品种审定号：粤审果2013009）。

该品种长势中等，树冠圆形、较开张，枝梢健壮、分枝力中等，颜色深绿，节间长约3.82厘米。叶片倒卵形，浅绿色，三叶轮生，叶较短，长15.31厘米、宽5.02厘米，叶柄长1.01厘米，叶缘波浪形，刺少或无，主要集中在基部。总状花序腋生、下垂，花序长24.62厘米，每个花序有小花180～250朵，小花两性、乳白色，无真正的花瓣，而是4个花瓣状萼片连成管状花被。带皮果卵圆形、颜色深绿，果皮略粗糙，纵径3.46厘米、横径3.06厘米，平均单粒鲜重18.56克。带壳果近球形、棕红色、中等大，表面光滑、有光泽，斑纹极少，萌发孔小，平均单粒干重7.21克。果仁较大，乳白色，平均单粒干重2.58克。出仁率35.3%～37.3%，一级果仁率96.4%～100%，含油率73.9%～77.8%。果仁中总糖含量2.0%～2.9%，蛋白质含量9.16%～9.91%。

该品种树势中等，较开张，枝梢健壮，分枝力中等。丰产，5年生、6年生、7年生、10年生树平均株产壳果分别为2.10千克、4.47千克、6.99千克、11.93千克，折合亩产分别为69.3千克、147.35千克、230.51千克、393.53千克。适应高温高湿环境，适宜在广东省中南部无明显台风影响地区种植。

图2-8 南亚12号

9.南亚116号 该品种为光壳种，是中国热带农业科学院南亚热带作物研究所从澳大利亚引进的澳洲坚果种子播种的实生群体单株中选出的品种（图2-9），于2014年6月通过广东省农作物品种审定委员会审定（品种审定号：粤审果2014007）。

该品种长势旺盛，树冠圆形、较开张，枝梢健壮、分枝力中等，颜色深绿，节间长约3.85厘米。叶片披针形，墨绿色，三叶轮生，叶中等长，长17.15厘米、宽4.25厘米，叶柄长1.25厘米，叶缘内卷、波浪形，刺少或无，主要集中在叶尖。总状花序腋生、下垂，花序长28.62厘米，每个花序有小花250～320朵，小花两性、乳白色，无真正的花瓣，而是4个花瓣状萼片连成管状花被。带皮果球形、颜色深绿，果皮略粗糙，果顶钝尖，纵径3.45厘米、横径3.26厘米，平均单粒鲜重18.56克。带壳果球形、棕红色、中等大，表面光滑、有光泽，无斑纹，萌发孔小，平均单粒干重7.45克。果仁较大，乳白色，平均单粒干重2.76克。出仁率37.2%～40.1%，一级果仁率97.8%～100%，含油率73.8%～77.5%。果仁中总糖含量2.1%～2.9%，蛋白质含量7.78%～9.82%。

该品种早结丰产，5年生、6年生、7年生、8年生树平均株产壳果分别为2.53千克、5.09千克、7.88千克、9.47千克，折合亩产分别为83.49千克、167.81千克、259.88千克、312.51千克。较耐高温高湿环境，适宜在广东省中南部无明显台风影响地区种植。

图2-9 南亚116号

10.桂热1号 该品种为光壳种，是广西南亚热带农业科学研究所从澳洲坚果实生后代群体单株中选出的品种（图2-10），2005年6月通过广西农作物品种登记（品种登记号：桂登果2005003）。

该品种长势中庸，树冠半圆形，枝梢分布较均匀、疏朗。叶片倒卵形，浅绿色，三叶轮生，叶较短，长10～14厘米、宽3～4厘米，叶柄长1.0厘米。总状花序腋生、下垂，花序长14～17厘米，每个花序有小花130～160朵，小花两性、乳白色。带皮果球形，平均单粒鲜重18.8克。带壳果近球形，表面光滑、有光泽，萌发孔小，平均单粒干重8.9克。果仁较大，乳白色，平均单粒干重2.95克。出仁率33.1%，一级果仁率99.0%，含油率78.0%。果仁中总糖含量4.25%，蛋白质含量8.53%。

该品种丰产，6年生、10年生树平均株产带壳果分别为7.71千克、24.58千克，但不耐高温，新梢叶片在高温条件下呈黄色。

该品种被农业部列入“十二五”期间第一批热带南亚热带热带作物主导品种，适宜在云南、广西、贵州等无严重霜冻、无明显台风影响地区推广种植。

图2-10　桂热1号

第三章 生物学特性

一、主要器官特性

澳洲坚果主干粗壮，主枝粗大，树皮粗糙，枝叶茂密，树冠多为半圆形、圆形或阔圆形，树姿因品种而异，常见的有直立形、半开张形和开张形。澳洲坚果树体由根系、主干、枝条、叶片、花和果实等器官构成。

（一）根系

澳洲坚果新鲜种子播种后，17～20天开始萌发（罗萍，2000），由胚根发育而成的根称为主根。澳洲坚果主根不发达，但主根在一定部位上生出数条侧根，侧根可再次分枝形成二次侧根、三次侧根等，如此分枝便形成较庞大的侧根群。侧根为灰褐色，在靠近末端处着生有典型的簇状山龙眼状根，使根系与土壤的接触面增大，从而增加了根系对肥水的吸收面积。一般情况下，一条正常的侧根上只有一簇山龙眼状根发生。初生的山龙眼根呈短棒状，排列紧密；而发育完全的山龙眼根较细长，呈披发状，排列较为疏松（杜建斌，2005）。另外，澳洲坚果根系存在丛枝菌根真菌侵染，形成内生菌根（刘建福，2005），能促进根系对矿质营养的吸收。

据欧华（2011）的切片观察，发现澳洲坚果根尖有根冠、分生区、伸长区和根毛区4个分区，其初生结构由外向内依次为表皮层、皮层、中柱及髓部。表皮层由单层细胞组成，细胞较小、略呈长方形且排列紧密，多数表皮细胞向外突出形成根毛。皮层较厚，细胞较大，排列较疏松，具互相贯通的细胞间隙。内皮层细胞一层，排列紧凑，多数细胞栓质化，但有少量细胞仍保持薄壁状态。中柱由中柱鞘、初生木质部、初生韧皮部和薄壁细胞组成，中柱鞘由单层排列整齐的细胞组成，分布在内皮层细胞内侧并与之紧密交互排列，初生韧皮部与初生木质部相间排列，之间隔着薄壁细胞，髓部由薄壁细胞组成。

澳洲坚果根系的分布因土壤性质、树龄及栽培管理不同而异。山脚冲积土层较厚，根系较深；山坡土层较薄，根浅生。在潮湿的南亚热带红黄壤条件下，据陆超忠等（1997）的根系调查发现，7～10年生嫁接树的整个根系可垂直分布在地表70厘米以内的土壤中，其中70%的根系集中分布在0～30厘米土层中，根系的水平分布绝大多数在冠幅的范围内。一年之中，澳洲坚果根系的生长是有季节性的，并与土壤温度、湿度及通气状况关系密切。根系生长最适宜的土壤pH为5.0～5.5。

（二）枝干

澳洲坚果树的枝干木质坚硬，表皮粗糙且呈棕色，着生有较明显的皮孔，切口处为暗红色。主干较直立且粗壮，枝条着生角度为锐角至钝角，分枝较多，构成较浓密的树冠。不同品种因主枝分级层次多少、生长角度大小与扩展程度不同，树冠形态存在差异。南亚1号、南亚2号、南亚3号、HAES 922、HAES 788、HAES 344、HAES 695等品种树形半开张，树冠多为半圆形或半圆头形；南亚116号、H2、O. C.、Yonik、HAES 294、HAES 246、HAES 333等品种的树冠多为圆形至阔圆形。品种间枝梢长势也不同，如O.C.、HAES 922的枝梢细而长，H2、HAES 788的枝梢粗壮。澳洲坚果初生新梢多呈淡灰绿色，后转为灰白色，成熟时呈淡棕红色；皮孔明显，随枝梢老化明显程度逐渐降低。

（三）叶片

澳洲坚果叶多为三叶轮生或四叶轮生，有时见二叶对生或五叶轮生。叶片长6.0～21.5厘米，宽1.5～7.0厘米，质地坚硬且革质。叶柄长短不一，为3～15毫米。叶片形状、叶面状态、叶缘刺数量以及叶尖、叶基、叶缘形态等特征为澳洲坚果分类及品种识别的重要依据之一（岳海等，2008；王维，2011）。叶片形状主要有倒披针形、长椭圆形、椭圆形和倒卵形等；叶面状态主要有平展、内弯、下弯和扭曲等；叶尖形态分为急尖、锐尖、截形和钝形；叶基形态有渐尖、急尖与截形；叶缘形状有全缘、波浪形和极明显波浪形，叶缘刺分密、疏、少、无四种情况。叶面光滑，成熟叶为浅绿色至深绿色，嫩叶颜色主要有浅绿色、绿色、黄绿色、微红色和紫红色等。叶片两面的主脉、侧脉和大量的细网脉明显可见，叶脉突起度因品种不同而有一定差异。

据欧华（2011）的切片观察，澳洲坚果的叶片由上下表皮细胞层、栅栏组织、海绵组织及微管束构成。上表皮层略厚于下表皮层，上下表皮细胞层外均有一层薄薄的角质层，且上表皮角质层比下表皮角质层稍厚，为典型的背腹形叶，起到了减少水分散失和防止细菌、真菌入侵的保护作用。单位面积下，上表皮细胞数量多于下表皮，气孔随机均匀分布在下表皮细胞间，平均气孔密度为237个/毫米^2。上下两层栅栏组织细胞为长圆柱状，排列较紧密，并垂直于表皮细胞。海绵组织细胞较大、排列较疏松，其间有时具有细脉维管束。李国华等（2009）认为，叶片组织结构的上表皮厚度及其角质层厚度、气孔密度和叶脉突起度等指标与抗寒性关系密切。

（四）花

澳洲坚果的花穗为总状花序，由花序轴上着生的100～300朵小花组成。花序从叶腋或叶痕处抽生，多数着生在1～2年生的老熟小枝上，一般是在小枝顶部2～3个或更多的节上生长。花序长度因品种、树势、栽培管理不同而异。HAES 695、HAES 922、A4与南亚3号等品种花序较长，一般20厘米以上；HAES 333、HAES 344、HAES 783与Yonik等品种花序较短，一般12厘米以下。另外，初结果树和生长壮旺的树花序较长。同一品种结果母枝粗壮，花序较长；反之，花序较短。每个花序着生的小花数量与品种特性、结果母枝状况及气候因子等相关，多数品种的花序上着生有100～

200朵小花，每厘米花序上有10～13朵小花。这些小花成对或3、4朵为一组有规律地间隔着生在花序轴上，开放顺序多由花序轴基部向顶端开放，有的由花序轴顶端向基部开放，或者花序轴中部的花先开，然后向两端开放。

澳洲坚果的花为两性花且花型较小，长度10～15毫米，横径为1～2毫米，为白色、乳白色或粉红色等，由花梗、花萼、花盘、雄蕊和雌蕊组成，无花瓣，为非完全花。萼片形成花被管，形如四片花瓣状的细裂片，长约7毫米，宽约1毫米；花开放时，萼片向后翻。在花被内，中心是单心皮的上位子房，卵形2室，内有2枚胚珠，子房外表皮密生茸毛直至花柱下部；花柱较细长，顶部增厚，呈球棒状，连子房一起全长7～10毫米；花柱上部无茸毛，柱头表面很小，乳状突起物不对称地排列在柱头顶端，并向下延伸到柱头腹缝线。4枚雄蕊着生于子房旁，在花被管约2/3处黏附在花瓣状萼片上，花丝短，每枚雄蕊有两只长约2毫米的花粉囊。雌蕊基部周边是个不规则的无茸毛花盘，高约0.6毫米，为联生下位（低于子房）腺体，能分泌蜜汁，利于昆虫传粉。

（五）果实

澳洲坚果的果实是由上位子房发育形成的蓇葖果，大小为10.0～25.0克，主要由果柄、果皮、种子组成（图3-1）。因品种不同，果实形状有球形、卵圆形、椭圆形等。果柄为斜生或平正，或长或短，或粗或细；果颈分为极明显、明显或无；果顶尖锐或圆滑，乳头状突起有极明显、明显或不明显；从果颈至果顶有明显或不明显的缝合线。果颈类型和果顶形状是澳洲坚果种质资源鉴定技术规范中的重要指标。

图3-1　澳洲坚果果实结构示意图

由子房壁发育而成的果皮厚2.0～3.0毫米，质地光滑或粗糙，皮色有绿色或深绿色，通常在果实成熟时沿缝合线开裂，露出种子。果皮由一层较厚且木栓化的外果皮和一层软而薄的内果皮组成。据欧华（2011）的切片观察，外果皮由一表皮层（内含叶绿体细胞薄层）和大量的薄壁组织（带有众多具分枝的维管束）组成；内果皮主要是薄壁组织，充满了像鞣酸似的黑色物，但无维管束。内果皮由白色转褐色至深褐色，即表明果实已成熟，这是生产上常用来检查果实成熟度一种简单而直观的方法。

通常情况下，一个果实仅有一粒种子，偶尔也见有两粒半球形的种子。种子即常说的带壳果，由种皮（种壳）和种仁组成，单粒干重为3.5～9.0克，有扁圆形、圆球形、卵圆形和椭圆形等。种子外表面光滑或粗糙，有种脐和珠孔，从种脐至珠孔端有一条明显程度不一的腹缝线；种脐大小与形态、珠孔密闭或开张以及种子表面斑纹的多少与分布均因品种而异。表面斑纹的分布有分散、集中在珠孔附近、集中在中部和集中在基部等4种类型，是澳洲坚果种子的一个重要特征。

种皮由外珠被发育而来，并形成2～5毫米厚且非常坚硬的壳，有明显的两层。外层厚于内层约15倍，由非常坚硬的纤维厚壁组织和石细胞构成，两类细胞的细胞壁高度木质化，且多纹孔；内层有光泽，深棕色部分靠近脐点，占内表面一半以上，而珠孔端像釉质，呈乳白色。种仁单粒干重为1.5～3.5克，多为乳白色，由两片肥大的半球形子叶和一个几乎是球形的微小胚组成。胚嵌在子叶之间靠萌发孔一端，由胚芽、胚根、胚轴组成。

二、生长发育特性

（一）枝条生长习性

澳洲坚果是一年多次抽梢的亚热带果树，一年抽生3～4次梢，因树龄、种植区域而异。澳洲坚果幼龄树一年四季均可萌芽抽梢，在云南景洪地区，干凉季和干热季均抽梢1次，湿热季有2

～3次抽梢，新梢从萌动开始至开始稳定所需天数为干凉季＞干热季＞湿热季，一般抽梢萌动期约10天、展叶期约19天、变色期约15天、稳定期约8天（陈丽兰，2002）；在四川攀枝花地区，幼龄树在2—3月和7—10月各有一次枝梢生长高峰，4—6月和11月至翌年1月各有一次枝梢缓慢生长（黎先进等，2001）。在我国桂南和粤西地区，澳洲坚果幼树也抽梢4次以上，每次抽梢从萌芽到老熟平均需要40天左右，从新梢老熟到下一次抽梢萌芽间隔18～28天。对成年结果树而言，广州及粤西地区的澳洲坚果一年抽3次梢，高峰季为4月春梢、6月底夏梢与10月晚秋梢。此外，一年中每月树冠均有零星抽梢现象。7月中旬至8月下旬的高温季节，澳洲坚果生长缓慢，热敏感型品种，如HAES 508、344等，这一时期的新梢正常转色困难，会出现叶片变黄至泛白的生理病害。12月底至翌年2月底，正常年份几乎无抽梢现象。

澳洲坚果抽梢长度一般为30～50厘米，有7～10个节，生长旺盛的幼树或有些品种抽梢最长可达1.0米以上。澳洲坚果的结果枝绝大部分是内膛1～3年生的枝条，初结果树尤为明显；少量结果枝甚至是内膛几厘米长的无叶小枝条。梢的基部有一个明显无叶节，梢的顶部是未完全发育的叶，小而像鳞片；每叶腋里有3个垂直排列的芽，这些芽与主枝同时抽发时，将出现9（或12）条枝，这种现象时有发生，但通常仅三叶轮生的顶上3个芽同时萌发。

（二）开花习性

澳洲坚果的花芽分化与发育需要有适当的低温与干旱。一般情况下，澳洲坚果在夏末秋初温度下降时才开始花芽分化（Moncur et al., 1985）；在低温不足的年份则可以通过干旱促进成花（倪书邦等，2002）。冬季的低温强度、持续时间及相对湿度与澳洲坚果成花和产量关系密切（James, 1976；Stephenson, 1987；Stephenson, 1994）。

澳洲坚果花的发育可分为三个时期：花芽休眠期、花序延长期和开花期。当花芽分化并变得肉眼可见后，根据生长地区不同，保持50～96天的花芽休眠期，之后花序开始延长，开花期发生在花芽分化后137～153天（Moncur et al., 1987）。在较冷凉的种植区，花序延长期持续达60天之久。据王维（2011）对湛江地区的澳洲坚果物候期观察发现，花芽萌动多在1月下旬至2月初，持续3～7天；之后进入花序形成期，花序不断延长，持续35～50天；开花期主要从2月中下旬开始，到3月中下旬结束。在广东湛江地区，大多数品种的初花期在2月中下旬，盛花期在3月上中旬，谢花期为3月中下旬，其开花物候期和广西南宁地区相差10～15天。但品种不同，开花物候期也有差异，如HAES 695，在湛江的花期比其他品种均迟，3月中下旬初花，3月底至4月初盛花，4月中上旬谢花。个别品种有多次开花现象，如HAES 814、南亚1号、南亚2号有明显的两次开花现象，而A4、O.C.则有明显的3次开花现象。

开花是在花粉母细胞减数分裂后2～3周开始。开花前，花柱开始弯曲6～7天，大约3天后，花柱中间部分（弯曲点）挤穿两片花萼间的缝合线；同时，花蕾由绿色转为乳白色，但有一些品种，花蕾顶部几乎直到开花仍保持绿色，HAES 246尤为明显。1～2天后，花药开始散出花粉到花柱上。由于花柱生长，花柱进一步从萼片缝合线的缝隙处延伸出；在开花前1～2小时，萼片开始在顶部分离，后卷，露出花药，花药弯曲超过花柱顶部；当萼片完全后翻时，花药开始与花柱分离，柱头顶部留下4个花粉块；2～5分钟后，花药全部散开；5～10分钟后，花柱突破萼片缝合线后向外伸出。开花后，花柱即有两处弯曲，一处弯曲在末端节下，而另一处在中间部位；在1～2小时内，花柱末端弯曲消失；之后在12小时内，花柱中部弯曲基本伸直，但不完全消失。开花一般是7—8时开始，盛开期在午后。阳光充足时，开花通常从花序顶部开始往基部延伸；若光线不足，可从基部或花序中部开始，或从花序两端同时开始。单一花序的花期长短因品种而异，在1～5天内。若开花期为4～5天，花序会出现多层现象，上部花萼片已开始凋落，中部花正盛开，下部花则未开。

澳洲坚果的花属于适宜异花传粉的雌雄蕊异长型，也称为雄蕊先熟花，即花药先于柱头老熟。花开放后头2小时内，其柱头上没有萌发的花粉粒，花粉粒在开花后24～26小时才开始萌发，并且一直到开花后48小时萌发量才明显增加。但经花粉离体培养研究表明，开花前1天与开花第1天的花粉萌发率最高、花粉管生长长度最长（陶丽等，2010）。同一品种不同时间开放的小花花粉活力差异很大，处于初花期、盛花期开放的小花花粉活力均在90%左右（林玉虹等，2009）。除花粉萌发和花粉管伸长等自身因素会影响授粉效果外，外界环境因素如低空气湿度也会导致花粉萌发率下降，花粉管生长缓慢，柱头活性降低，最终引起植株授粉受精不良（刘建福等，2002）。

大多数澳洲坚果可自花授粉坐果，同时澳洲坚果本身又具有较大程度的自交不育性。2个以上品种混合种植时，坐果量则较高。此外，国外主产区的果园，还强调果园放蜂传粉。

（三）果实发育习性

1.果实生长发育　澳洲坚果胚珠受精后，子房内的第二个胚珠因受抑制而败育；偶尔也存在1个果实中发育成两粒种子的，该种子为半球形而不是圆形。澳洲坚果果实（图3-2）生长发育从形态上可分为5个阶段。

（1）花后约30天，果实直径在1厘米以下，果实外形已基本形成，从横切面看果皮外部为绿色，但内层呈黄绿色且具明显的条状纤维；果壳虽已形成，但仍软，呈白色；胚乳成透明糊状物且未充满果腔（图3-2A中Ⅰ，图3-2B中1～4）。

（2）花后40～50天，果实直径1.5厘米左右，果壳内层呈淡黄色，外层仍呈白色，子叶明显增浓成半透明糊状物，基本充满果腔（图3-2A中Ⅱ，图3-2B中5、6）。

（3）花后50～60天，果实直径2.0厘米左右，果壳内层呈淡褐色，果仁明显可见，呈乳白色（图3-2A中Ⅲ，图3-2B中7）。

（4）花后60～70天，果实直径2.5厘米左右，果壳加厚，种仁已较丰满，充实，呈乳白色，有光泽，顶端微凸，底部微凹。

此时，胚仍非常小（图3-2A中Ⅳ，图3-2B中8～10）。

（5）花后110～140天，果实直径3.0厘米左右，果皮变薄，具黄褐色内层；果壳颜色明显加深变黑褐色，质地坚硬，顶端具白色发芽孔；果仁乳白色，坚实硬化。这一阶段胚发生快速的线性生长，果实达到了成熟果实总鲜重的70%以上（图3-2A中Ⅴ～Ⅶ，图3-2B中11～15）。

澳洲坚果果实是单子蓇葖果，成熟时外果皮纵裂成两半；果壳萌发孔明显，表面有微凸条纹；果仁乳白色，上部较平滑，下部较粗糙，有纵行突起条棱。

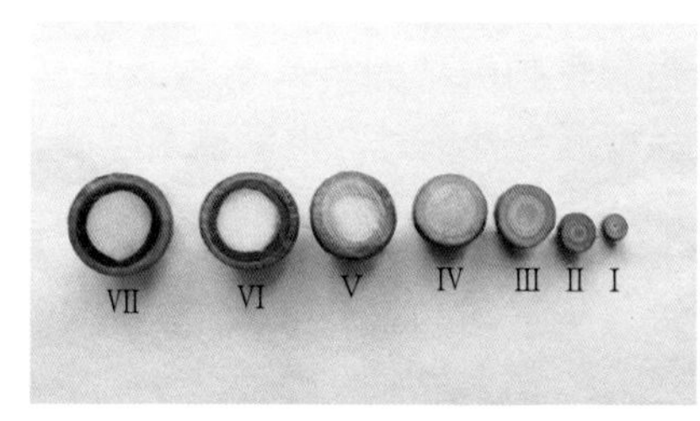

A.果实发育横剖图

15 14 13 12 11 10
1 2 3 4 5 6 7 8 9

B.果实发育纵剖图

C.横切面图

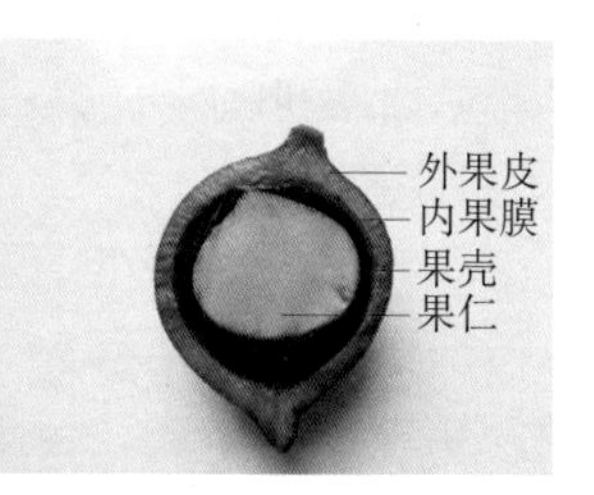

D.纵切面图

图3-2 澳洲坚果果实发育示意图

2.落果 果实发育期间，大量落果是澳洲坚果的一大特点，也是各国澳洲坚果产业面临的重要问题。在每个花序的100～300朵花中，最初有6%～35%的花坐果，而仅有0.3%的花能发育成成熟的果实。花和未成熟果的脱落，可以分3个时期：

（1）花后14天内，授粉而未受精的花迅速脱落。开花后2～3

天，萼片凋落，而带裸花柱的子房在花序上继续保持6～9天；开花后10～15天，大多数花已凋落。落花的柱头有萌发的花粉粒，但子房未受精。剩下的（初生果）有膨大的子房，大多已经受精。

（2）花后21～56天内，初期坐果迅速脱落。

（3）花后70天至第116～210天果熟时，较大的熟前果实逐渐脱落。广东湛江地区，已受精的初生果至成熟收获前的落果，主要发生在5月，即花后50～80天，落果数约占总落果数的2/3；7月末至8月中，即花后120～150天，又有一个落果小峰期，落果数占落果总数的1/4～1/3。

一般认为，澳洲坚果生理落果的原因是营养问题。对落果动态与植株营养变化的研究表明（许惠珊等，1995；徐晓玲等，1996），果实的生长高峰和落果高峰非常吻合。开花时对氮、磷的需求较多，从而使叶片的氮、磷含量略呈下降趋势；4月开始抽春梢，幼果也进入速长期，幼果生长与春梢生长对营养的竞争加剧，导致叶片中氮、磷、钾含量明显下降，至5月叶片的氮含量降至全年最低值（0.26%），由此出现了第一个落果高峰。6月底，夏梢大量萌发，果实开始进入油分迅速积累期，果实对养分的需求达到高峰，导致7月的叶片氮、磷、钾含量明显下降，叶片磷、钾含量降至全年最低值（磷为0.064%、钾为0.41%），与此同时便出现了第二个落果高峰。两次落果高峰出现的时间正好与叶片氮、磷、钾含量降至低谷的时间相吻合，因此在研究保果措施时，要考虑叶片的营养水平这一重要因素。

除生理落果外，温度和水分亦会影响落果，台风危害也会引起落果。随着温度的升高，熟前果发生脱落的频率较高；在坐果后70天内，30～35℃的日高温会严重刺激未熟果的脱落。干旱条件下，植株也会出现大量的落果；相对湿度低也会加重温度升高对落果的影响，特别是在坐果初期35～41天内。在果实发育初期，偶尔发生的干热风也会加剧落果。有关生长调节物质对澳洲坚果果实脱落的调控研究，各国都做了大量的工作，但至今仍未在大田生产上推广应用。

3.养分的积累 澳洲坚果从坐果至成熟大约需要215天，在开花后30周果实成熟时，果仁含油率为75%～79%。随着果实的发育，果仁含油量不断增大，而总氮含量（粗蛋白含量）却不断下降；总糖含量在花后111天之前是不断增加的，而花后111天之后则逐渐下降。

南亚热带作物研究所以H2、HAES 246、HAES 660、HAES 508等4个品种七龄以上结果树的果实为材料，测定4年的结果表明：约从花后90天起，果仁开始积累粗脂肪；随着果龄的增加，果仁含油率不论以鲜重百分率还是干重百分率表示，均表现为逐渐增加趋势，其中花后120天以前为油分积累最迅速的时期。不同品种油分积累的速度略有差异，HAES 660和246的油分积累在前期较快，在花后120天就已分别积累到了成熟时果仁粗脂肪总量的54.94%和43.30%，而H2和HAES 508则分别积累到32.59%和36.1%；到花后150天时，各品种均能积累到60%以上；待果实完全成熟时，油分含量均在72%以上（图3-3）。果实发育过程中，果仁粗蛋白含量（总氮含量）的变化规律为：在花后90天以后，随着果龄的增加，粗蛋白含量如以鲜重百分率表示，则呈缓慢增加趋势，但如以干重百分率来表示，则表现为逐渐减慢之势；花后90～120天，粗蛋白占干重的百分率从30%左右下降至10%左右，为速降期；至成熟时，各品种的粗蛋白含量为8%左右（图3-4）。果实发育过程中，果仁的糖分含量变化是：在花后90～110天，果仁中还原糖（rg）、蔗糖（sugar）以及总糖（ts）含量均呈递增之势；但从花后110天起，还原糖和蔗糖含量均迅速下降；至花后150天时，已检测不到还原糖，而蔗糖含量也降至8%左右（以干重百分率计）（图3-5）。果实发育过程中，果仁的水分（或干重率）含量变化是：在花后90天时，果仁含水量为92%左右，干重率为6%～8%；随着果实的发育，果仁中水分逐渐减少，干重率不断提高，其中HAES 660前期的干重率增长较慢，到花后120天时其干重率已达38.70%；果实成熟时，各品种的果仁干重率稳定在70%左右（图3-6）。

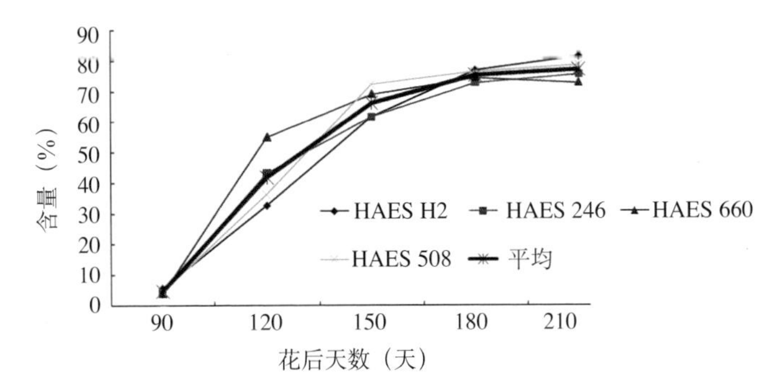

图3-3　澳洲坚果果仁油分含量占干重百分率

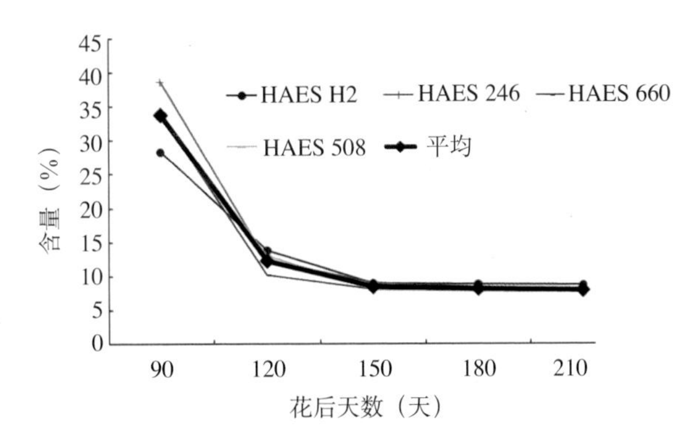

图3-4　澳洲坚果果仁粗蛋白含量占干重百分率

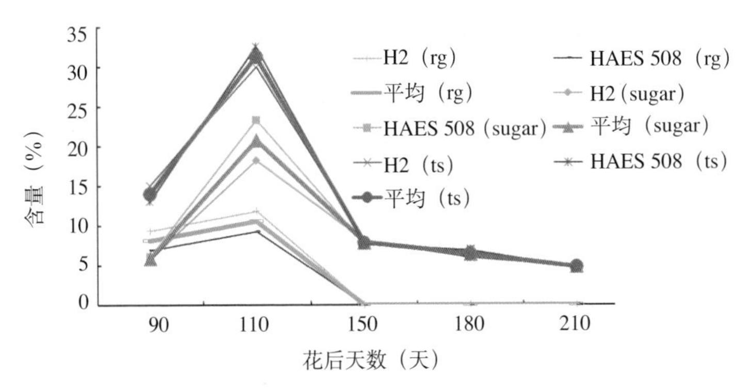

图3-5　澳洲坚果果仁糖分含量占干重百分率

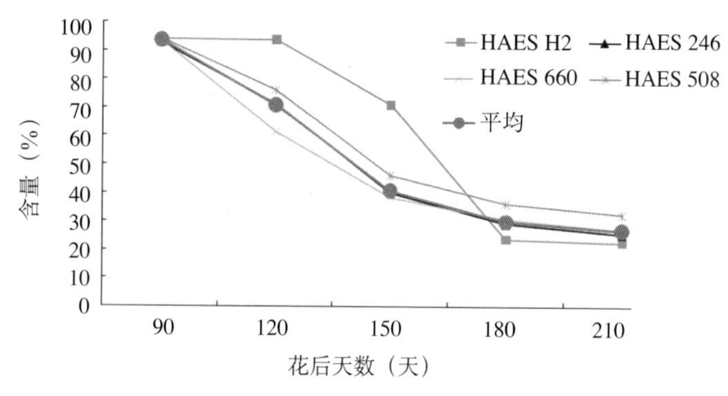

图3-6　澳洲坚果果仁水分含量占干重百分率

三、对外界环境条件的要求

（一）温度

澳洲坚果树较耐寒，幼树可忍受−4℃的短暂低温而不受冻害；成年树能耐−6℃的短期低温而不受冻害（陈作泉等，1995）。然而，尽管在纬度0°—34°之间均有澳洲坚果种植，但澳洲坚果的商业性生产最适宜在温度不超过32℃且不低于13℃的无霜冻地区开展。澳洲坚果树体在温度10～15℃之间开始生长，20～25℃之间生长最好，而在低于10℃和高于35℃时，生长停止。在30℃以上的高温条件下，诸如HAES 344（图3-7）、桂热1号（图3-8）等热敏感型品种，正值发育的叶片即出现褪绿变黄泛白现象；气温超过38℃，叶片光合作用停止。

澳洲坚果花芽分化最适夜间温度介于15　18℃之间。根据温度不同，花芽分化需4～8周时间。适宜花序延长及开花的旬平均温度为23～25℃（王维，2011），早春的寒冷天气对澳洲坚果花序抽生及开花影响较大（林玉虹等，2009）。开花期如遇日最高气温连续多天高于36℃以上，花粉干死或不授粉，造成开花不结果。在果实发育期间，温度会影响果实的生长发育以及油分积累。

图3-7　HAES 344

图3-8　桂热1号

坐果后8周内较高的日均温（15～25℃）会增加果实的直径和重量；在果实发育后期，极度高温则影响果实生长和油分积累，导致成熟前落果增加、果仁质量变差。Stephenson等（1986）在温室进行研究发现，当果实完成迅速膨大和开始油分积累后，25～30℃的日均温更利于果仁生长，果仁率较高；25℃时，油分积累最迅速；15℃和35℃时，果仁生长慢，出仁率和含油量低；35℃时，绝大多数果仁质量低劣，含油量低于72%。

（二）雨量

年降雨量以不少于1 000毫米为宜，且年分布均匀。在澳大利亚澳洲坚果原产地区，年降雨量约为1 894毫米；在夏威夷澳洲坚果生长最好的地区，年降雨量幅度为1 270～3 048毫米。在夏威夷科纳岛南部一些地区，年降雨量仅510毫米，或不足510毫米，澳洲坚果也能生长；但遇到过于干旱的年份，植株生长慢，产量也低。在南非，受干旱影响，果实变小，果仁发育不良。因此，在年降雨量低于1 000毫米的干旱地区，要获得较好的收成，应考虑提供灌溉条件。即便是在年降雨量大但年分布不均匀的地区，如在植株开花期及果实发育早期，若遇干旱则会导致授粉受精不良、大量果实脱落。果实成熟前的3个月期间如有适宜的水分，对增加果实的大小和重量都有重要作用。

（三）土壤

澳洲坚果在各类土壤中均能生长，但适宜土层深厚、排水良好、富含有机质的土壤。商业化栽培澳洲坚果的土层深度达0.5～1.0米，且土壤疏松，排水良好。澳洲坚果在土壤pH 5～5.5之间生长最好；在盐碱地、石灰质土或排水不良的土壤中，则生长不良。澳洲坚果对营养元素缺乏表现较为敏感，在富含磷的土壤或过量施用磷肥时，则会引起植物中毒，叶片表现出褪绿症；含镁高的红壤，有时也会引起黄叶，导致大树生长势和产量不佳，但对幼树的生长没有不良影响。

（四）风

澳洲坚果树冠高大，根系浅，抗风性差。风害会造成树枝折断、树体倾斜与倒伏、根系受损与果实大量脱落，不仅使得当年减产严重，而且会持续影响1～2年。风害越严重，产量受损越大，风害后恢复到原有的产量水平也越难。

澳洲坚果商业化栽培应选择在无风害的地区种植，在有风害的地区要特别注意宜植地的选择和防风林的配置。在平均风力低于9级、阵风低于10级但无强烈热带风暴出现的地区，可选择避风地域种植或配置防护林；在平均风力超过9级、阵风达11级且有台风出现的地区，不宜大面积发展（陆超忠等，1998）。

澳洲坚果不同品种抗风性差异较大，抗风性较好的品种有O.C.、HAES 344、HAES 741、HAES 660、HAES 333等，HAES 246、HAES 800、HAES 508、H2等品种抗风性较差。在夏威夷和澳大利亚，除了强调在果园的强风面应安排抗风性较强的品种之外，果园幼树期行间要种高秆作物予以保护，果园的长度和宽度不宜超过150米，四周应种1～3行抗风防护林。

（五）海拔

在南北纬15°内，高海拔可提供适宜澳洲坚果生长的温度范围。肯尼亚种植海拔最高达1 600米，马拉维高达1 300米，我国也高达1 100～1 200米，而危地马拉与哥斯达黎加的种植海拔为700～800米，但它们成年树的产量及质量还不太清楚。在夏威夷海拔达700～830米的果园，由于云雾遮盖、雨水频繁导致光照不足，植株生长慢，产量和果仁质量不高。

第四章　栽培技术

一、育苗

澳洲坚果除了实生选育种或园林观赏而种植实生苗外，商业化生产都种植优良品种的嫁接苗或扦插苗。

（一）实生育苗

实生繁殖目前虽有应用，但主要是用于培育砧木供嫁接育苗使用。

1.种子处理　实生育苗一般种子越新鲜越好。种子在温室贮藏3个月后发芽率将迅速下降。贮藏时间越长，种子发芽率越低。经贮藏的种子，在播种前必须用干净清水浸泡1～2天（若种子太干，需浸3天），去掉浮出水面的劣种，沉在水中的种子再用70%甲基硫菌灵1 000倍药液浸泡10分钟，然后播种。

2.播种　播种催芽床至少20厘米厚，以干净河沙或疏松排水性好的生泥土作基质材料。上一年使用过的催芽沙和泥土不能重复使用，以免真菌繁殖影响发芽率。种子经70%甲基硫菌灵1 000倍药液处理后条播在催芽床上。催芽床长12～15米，畦宽1米，两畦间和四周排水沟规格应为宽30～40厘米、深25厘米。

播种时种子的腹缝线朝下，种脐和萌发孔在同一水平面，即与地平线平行播在浅条沟上，种子间相隔半个种距离，1～2厘米宽，条沟间相隔5厘米，播后用沙覆盖厚约2厘米。若播种过深，由于缺乏空气种子易腐烂，发芽率较低。

3.播种后管理　播种后催芽床要用50%～70%遮光度的遮光网遮光。注意经常淋水，保持苗床土壤湿润。在播种后第一周保湿尤为重要，种子必须吸足水分，发芽时才能自由开裂。播种后种子萌芽时间因湿度大小和种子种壳厚薄不同而有异。种子发芽通常需3～5周，快的则需2～3周，全部种子发芽可能要持续6～8周，在温度低于24℃时，持续的时间更久。播种后另一项特别重要的工作就是注意防鼠和蚂蚁的危害。

4.移栽

（1）**苗床准备。**育苗床规格应为长12～15米，畦宽1米，土层至少30厘米厚，两畦间和四周排水沟规格应为宽30～40厘米、深25厘米。以方便苗木正常生长和便于田间管理及嫁接操作。

育苗床基肥以有机肥为主，用量以600千克/亩为宜。堆肥、厩肥、饼肥等有机肥料须经过充分腐熟后才能施用，基肥不宜使用无机磷肥。

重复使用的育苗床，移苗前应根据具体情况分别采用阳光暴晒、药剂消毒、烧土等方法进行土壤处理。

（2）**移栽。**当播种催芽床绝大部分的幼苗前两轮叶已稳定硬化，即可把苗移入育苗营养袋或育苗床，移苗不宜过早，也不宜在抽生新梢时进行，否则成活率低，应选择阴天多云天气或晴天16：00后进行。有条件的最好在移苗后用50%～70%遮光网遮光3～4天。

移栽至营养袋：把第二轮叶已经稳定硬化的幼苗移栽在营养袋上进行管理，袋装苗经嫁接后出圃。小袋规格为18厘米×25厘米，大袋规格为25厘米×35厘米。营养土以排水良好的土壤和腐熟的锯屑有机肥，按3∶1比例混合。每四袋排列一行以便嫁接操作。袋的2/3埋于土中，上部1/3和袋之间的空隙用土覆盖填充。幼苗上袋时，须保持根系舒展，回土稍压实后，充分浇定根水。

移栽至育苗床：把第二轮叶已经稳定硬化的幼苗移栽在育苗床上进行管理，实生苗经嫁接达到出圃标准后，提前装袋、炼苗，稳定后出圃。育苗床选择在交通方便、地势平坦，水源充足、排水良好的地方，土层厚应不低于50厘米，土壤最好为微酸性的沙壤土、壤土。移苗前催芽床及育苗床均需提前1～2天浇水。移栽时株行距15厘米×20厘米，根系舒展。回土稍压实后，充分浇定根水。

5.实生苗管理 移栽后立即充分浇定根水，及时遮阴并随时喷水保苗。移苗初期注意防鼠害。幼苗稳定后初两个月，每15天浇稀薄水肥一次，以氮肥为主并及时补苗。追肥以氮、钾肥为主，氮：磷：钾比例以13 ： 2 ： 13为宜。每隔一段时间修剪幼苗，只留单一主干。

（二）嫁接育苗

澳洲坚果树的木质脆硬、皮薄，比其他果树难嫁接。

1.嫁接前苗床管理 实生苗在苗床生长8～12个月后，即达到嫁接标准粗度。实生苗生长健壮，25 厘米高度处径粗0.8～1.2厘米最适宜作砧木。嫁接前一个月苗圃应全面施一次水肥，并做好除草修枝和苗床修复整理。嫁接前10天喷药一次，进行病虫防治清理工作。嫁接前3天淋足水分。

2.嫁接季节 嫁接繁殖的最佳季节是在晚秋至早春，其他季节嫁接效果不佳。

3.接穗选择、处理和贮藏 接穗宜采用老熟充实、节间疏密匀称的枝条，枝条呈浅褐色至灰色，有突起皮孔。皮色呈棕红色则太过老熟，呈淡灰绿色则太过幼嫩，均不宜作接穗。接穗采下后，从叶柄处剪去叶片，但不宜用手剥离，以免伤及叶腋的芽。枝条剪成20～30厘米长，分小捆包扎挂好标签。然后用70%甲基硫菌灵1 000倍药液处理10分钟稍阴凉干，用经药剂处理过的湿润干净毛巾包裹保湿即可长途运输。接穗最好随采随用，若需贮藏，在6℃低温下效果更好。嫁接前将处理好的接穗剪成带2、3或4节位的小段，据南亚所的试验，以带4节位的接穗嫁接成活率最高，其次是3节位，2节位的接穗一般1—2月嫁接用。

4.嫁接方法 澳洲坚果采用的嫁接繁殖方法多种多样，各种植区习惯和推广使用的方法各不相同。在我国澳洲坚果种植区，最普及的方法是劈接嫁接法和改良切接嫁接法。劈接嫁接技术见视频4-1。

视频4-1 澳洲坚果劈接嫁接技术

5.嫁接后管理和起苗 嫁接后要注意防止碰伤，同时及时防治蚂蚁，尤其是秋季干旱时节嫁接，蚂蚁常常咬食接穗密封材料，注意随时淋水保湿。及时抹除砧木上的萌蘖，接穗上长出的芽第一轮叶稳定后，即可开始疏芽工作，一株嫁接苗只留1～2个健壮枝条发育成主枝，其余的剪除掉。大部分苗开始抽芽后即可施水肥。在防虫防病过程中，可加入叶面肥喷施，以促进幼苗的快速生长。

待嫁接苗第二批新梢稳定后，接穗抽生的新梢长最少达30厘米以上，地栽苗即可挖苗装袋。起苗时，对根系可作适当修整，同时剪去多余的枝条及枝条幼嫩部分。装入18厘米×25厘米规格的营养袋，集中放置，并用50%～70%遮光网遮光。上袋初期7～10天，要注意对叶面喷水保湿，1个月后植株生长稳定长出新根即可出圃定植。

（三）扦插育苗

澳洲坚果主根不发达，嫁接苗与扦插苗根系差别不大，生产上也常用扦插育苗进行繁殖。

1.扦插床 扦插苗床可以用砖砌成宽1米、高20～30厘米、长10～12米的插床，床的四周留下足够的排水口，插床上加20厘米厚的干净的中粗偏细河沙。

搭盖遮光度50%的遮光棚，高1.8～2.0米。顶部安装弥雾式微喷水系统，四周用遮阳网及塑料膜作挡风墙。有条件的，可以在苗床的底部安装加热系统，以提高扦插成活率。

2.插条的选择、处理与扦插 插条在树体碳水化合物积累最高时采取，一般选择灰白色已木栓化的老熟充实枝条，粗度为0.5～1.0厘米最佳。

从母树采下枝条，插条剪成约长15厘米，3～5个节，上部留2轮叶片，下部叶片全部剪去，基部经300～2 500毫克/升吲哚丁酸溶液浸30秒，晾干后插入苗床8～10厘米深。

3.苗床管理 扦插后立即充分喷水（雾化），插后第二天淋水一次，使插条与沙充分接触。插后要保持叶面湿润。经常抽查插条切口湿润状况从而调节喷雾时间，插后2～3个月内经常抹除插条抽出的新芽。插条长出愈伤组织后，酌减喷水。2个月后，每2周施叶面肥一次，3个月后撒施氮磷钾复合肥。定期喷杀菌剂，防止植株感病。待苗抽生新梢长20～25厘米，稳定后即可转移至营养袋内管理，并适当补充光照和生长发育所需的各种养分。待苗高50厘米以上，至少抽梢2次并稳定后方可出圃。

二、建园与定植

（一）品种配置

澳洲坚果自花授粉可以结果，但又有较高的自交不孕性。品种间混种、异花授粉的产量要比单一品种连片种植的产量高。目前在品种搭配种植时，均按1 ： 1或2 ： 2的方式安排，隔行安排种植搭配品种，采收时可以分不同品种收获。

在品种搭配中，要注意避免来自相同父本或母本的品种种植在一起，如HAES 246与800、790、835，HAES 660与344、816、915，D4与A4、A16，O. C.或D4与Greber Hybrid等品种，每一组品种内互相有亲缘关系，搭配的效果不佳。

（二）苗木定植

澳洲坚果属高大乔木树种，经济寿命40～60年。一般种植密度375～450株/公顷，株距4～5米，行距5～6米。直立形品种如HAES 344等可种密些，开张形品种如O. C.等可种疏些。在实行机械化管理的果园，一般种植密度，直立形品种株行距为4米×（7～8）米，312～357株/公顷，开张形品种株行距为5米×（9～10）米，200～222株/公顷。

澳洲坚果在相对低温、空气相对湿度大的低温潮湿季节生长最好。在我国桂南和粤西地区，最佳定植时期是春季，其次为冬季，秋末初冬若生产用水充足，有覆盖保证时定植成活率也极高，夏秋季高温季节定植不佳。而云南地区干湿季明显，定植季节一般安排在雨季6月底至9月。

种植时，先在种植盘中心挖一个小坑，坑的深度以把苗放入坑中，袋苗的营养土顶部与种植盘面水平为宜，然后撕去袋装苗的塑料袋。由于澳洲坚果苗的根系较幼嫩而极易被弄断，定植时动作要轻，填土时可适当用手压实，使土壤与根系良好接触，不要用脚踏，以免压断幼根。种植后即淋定根水。苗木种植技术见视频4-2。

视频4-2　澳洲坚果苗木种植技术

（三）定植后管理

定植后要即时淋定根水，及时修复种植盘，平整梯田，加草覆盖盘面。旱季要适时淋水，雨季及时疏通排水沟，在风害地区，可给幼苗附加抗风支架以提高抗风力，防止倒伏。定植成活后应及时去除嫁接苗接口处的薄膜，同时随时注意清除接口下砧木萌生的芽。澳洲坚果定植后一般20～25天，即长出大量新根，30天左右即抽生新梢；从定植到第一批新梢老熟需70～80天，因此，定植后20天左右安排第一次施肥，以后每隔15天施水肥一次，直至第一批梢稳定老熟。每次每株肥料用量尿素10克、复合肥15克，把肥料充分溶解于8～10千克水中浇施。

三、土肥水管理

（一）施肥

澳洲坚果每年从土壤中吸收大量营养物质，不断消耗土壤肥力，需要通过施肥加以补充。澳洲坚果园的施肥，要综合考虑澳洲坚果生长结果习性、树势、结果量、肥料种类、气候环境及其他管理条件，力求做到施肥科学、合理，也就是做到适时适量，保证肥料种类、施肥方法的正确。

1.幼龄树　为了促使幼龄澳洲坚果树快速生长，肥料的施用应与枝梢生长物候期相结合。幼树的施肥时期一般以一梢二肥施肥较合理，即促梢肥和壮梢肥，施肥技术见视频4-3。另外，每年在春梢前和植株生长相对缓慢的7—8月间施有机肥，即铺肥和压青。各时期施肥量如表4-1所示。

视频4-3　澳洲坚果幼树施肥技术

表4-1　澳洲坚果幼树各时期施肥量

树龄（年）		1	2	3	4
促梢肥[克/(株·次)]	尿素	40	50	75	100
壮梢肥[克/(株·次)]	复合肥（N ：P_2O_5 ：K_2O=13 ：2 ：13）	30	40	50	75
	氯化钾	20	20	30	50
铺肥[千克/(株·次)]	猪粪		7.5	15	15
	饼肥		0.25	0.50	0.75
	石灰		0.15	0.15	0.15
压青[千克/(株·次)]	绿肥		25	25	25
	猪粪		7.5	15	15
	饼肥		0.50	0.75	1
	石灰		0.25	0.25	0.25

（1）**促梢肥**。在梢萌芽前一周至植株有少量枝梢萌芽之间，施尿素促梢。

（2）**壮梢肥**。在大部分嫩梢抽长7～10厘米至梢基部的新叶由淡绿变深绿之间，施用复合肥和钾肥壮梢。

（3）**铺肥**。从二年生树开始，每年在春季生长高峰来临前，即春梢前进行铺肥。铺肥方法：肥料预先堆沤腐熟，二年生树在树冠滴水线挖环状沟，三年生树挖半圆形沟，四年生树挖沟长达树冠圆周1/3。沟宽和深各30厘米，沟的内壁以见根为宜，避免大量伤根，然后用腐熟肥和土拌匀回沟。

（4）**压青**。从二年生树开始，每年7—8月在植株生长相对缓慢季节进行压青改土。在树冠滴水线下挖长×宽×深为1米×0.4米×0.6米的压青坑。坑靠植株一边的内壁以见根为宜，避免大量伤根，然后用绿肥和预先堆沤腐熟的肥料分层回坑，而用挖出的心土覆盖做成土墩。据广西华山农场对澳洲坚果压青后第37天抽查，压青坑内已有大量长3～7厘米的新根，新根白嫩健壮，根毛发达。

2.结果树 施肥应根据开花结果物候期、果实发育不同阶段补充营养。据南亚所对澳洲坚果结果树年养分变化测定结果，可分为5个施肥时期。

（1）**花前肥**（2月初）。1—3月是果树抽穗开花季节，对氮、磷需求较多。在抽穗前期施肥以速效氮肥为主，配合磷钾肥，以保证抽穗开花时的营养需要，提高花质，促进开花结果。

（2）**谢花肥**（3月中）。谢花后要及时施肥补充营养，为将要发生的幼果速长和抽生春梢需要大量的营养做准备。以氮磷钾复合肥为主，适当增施少量氮肥。

（3）**保果壮果肥**（4月底）。5月叶片中氮、磷、钾含量明显下降，氮含量降至全年最低值，出现第一个落果高峰。因此，在4月底应施第一次保果壮果肥。到7月叶片氮、磷、钾含量均明显下降，磷、钾含量降至全年最低值，而出现第二个落果小高峰，因此，在6月中旬应施第二次保果壮果肥。这两次壮果肥的施用，要适当控制氮的用量，以免引起树体营养生长过旺盛而造成减产。

（4）**果前肥**（7月底至8月中）。由于果实油分的积累和抽生枝梢的营养消耗，果树挂果量越大，树体表现的缺肥就越突出，植株叶片色泽变浅绿，这时要增施一次肥料，以保证植株健康生长，减少收获前非成熟果提前掉落，同时可以提高果仁质量。果树进入收获期后，因果实成熟从树上掉落后定期集中收拣，从收获期开始到结束长达一个多月，在进入收获季前安排这次果前肥，既可以补充前期消耗的营养，也可以保证收获季节不便施肥期间植株的营养需要。

（5）果后肥（10月初）。由于收获季长达一个多月，树体消耗营养量较大，随之而来的是下一次活跃的营养生长，加之花芽分化也需要营养，所以，在收获后树体修剪前，宜施一次果后肥，以便植株迅速恢复生长势，为树体抽梢提供营养。

结果树在春季气温回暖，根系恢复生长、花穗抽生之前施一次已堆沤腐熟的有机肥，以农家肥为主，豆饼和氮磷钾复合肥为辅。有机肥肥效长，提前在抽穗开花前施用，既可为花期和幼果迅速增长期提供养分，又能起到改善土壤理化性状的作用。

（二）其他土壤管理措施

定植后的澳洲坚果幼苗，干旱时需淋水保湿，以保持种植盘土壤潮湿为宜。在开花结果期若缺水，会影响开花质量，导致落果减产，影响果实油分的积累、降低果仁的质量，因此，从开花至成熟这段时期都应防止缺水。有些地方地势低或地下水位高，在雨季易积水，影响植株生长或导致死亡，所以要经常检查，如果发现积水应及时排除。

澳洲坚果根系分布较浅，果园杂草滋生会严重影响植株的生长，每年果园应除草3～4次。每次施肥前把树冠范围内的杂草除去，然后施肥。行间的杂草，视果园的情况使用化学除草剂进行除草。提倡周年盖草，尤其是幼龄树，盖草能保水，均衡土温（夏凉冬暖），减少杂草滋生，增加土壤有机质，防止土壤板结，保持土壤团粒结构和通气性，有利于根群活动。有条件的地区，尤其是在入冬前和高温季节来临前，幼树都应及时补加草。

澳洲坚果非生产期长，行间距宽，幼龄果园在封行前，为了经济利用土地，减少杂草生长和水土流失，行间可种短期作物如蔬菜、花生、豆类、短期水果或绿肥等，但不宜种植消耗地力或攀缘性强的作物。同时注意间作物离树盘1米以上，以免影响植株的生长和妨碍田间管理操作。利用间作物的绿肥如花生苗或豆秆，作为肥料进行覆盖或压青，可以起到改良土壤的作用。

四、树体管理

（一）合理留梢整形

从澳洲坚果枝条的组织结构来看，无论是三叶轮生的光壳种还是四叶轮生的粗壳种，每个叶腋里都垂直并排着3个芽，当一枝条被截顶后，上面3个腋芽（粗壳种则为4个腋芽）将直立生长，较适合培养成主干；若这个芽被截去，其下部位的芽萌发抽生，与主干的偏角较大，与主干的接合部位不易被撕裂，最适合充当主枝；如果第二个芽被截去，其下部位的芽则萌发抽生，这个芽则将近似水平状向外生长，且生长势稍弱。根据这一特性，对幼树进行合理放梢整形。

通常，第一次促主干分枝是在主干离地面50厘米左右开始，随后每隔40厘米左右促使主干水平分枝一次，形成层次性树冠，便于花期着生于内膛枝的总状花序悬垂生长，而提高坐果率。

澳洲坚果的结果枝为18～24个月龄的内膛小枝和弱枝。正常生长的幼树，最初开花结果的枝是自下算起的第四级和第五级及其以下分级的内膛小枝条。而同一品种同一树龄的树，若在这些级数上无结果枝，植株明显地推迟到下一年在上一级的结果枝开花结果。因此，当促进幼树分枝的同时，应注意多留些辅助枝，即来年的结果枝。

（二）修剪

随树龄的增长，澳洲坚果的结果部位由内膛从低部位往高部位、从树冠内层往外层扩展。

1.幼龄非结果树修剪 在幼树生长期进行摘心短截，促其分枝；冬季则以疏剪为主。定植后初期注意抹除砧木部位萌生的芽，平时注意摘除在留作结果枝上的萌芽。

对树冠过密的幼树，如O. C.等树冠密集型品种，冬季清园修剪，疏去交叉重叠枝、徒长枝和枯枝及病虫为害枝。同时要特别注意保留内膛结果枝。而树冠低部位枝是初产期的主要产量来源，幼树至初产期宜保留这些枝，待结果部位上升后再修剪。

对树冠直立生长、枝条健壮、少分枝的幼树，如HAES 344，冬季清园修剪要注意短截，促其分枝，引导树冠横向扩展，在树冠顶部截顶开“天窗”，抑制顶端优势。冬剪时也要注意避免在内膛部位留下残桩，以免翌年春残桩萌发大量的丛枝或徒长枝，使内膛严重荫蔽。每次修剪时要注意掌握修剪量，修剪量大于植株再生量时会严重影响植株的生长，每次修剪掉的枝叶量以不超过树冠的1/3为宜。

2.结果树修剪 结果树收果后，在入冬前必须进行清园工作，主要疏除清理病虫为害枝、枯枝、交叉重叠枝以及内膛的丛生枝、徒长枝和落果后遗留在结果枝上的果柄。

对生长茂盛、树冠密集的树，在树冠顶部适当截顶开“天窗”，下部除去影响作业的下垂枝。对树与树之间已封行交叉的树，进行适当的回缩修剪。

对生长势衰弱、枝叶稀疏的树，可实行回缩更新枝条，但要避免因回缩更新修剪后，主干严重裸露被阳光直射。因为阳光直射极易灼伤主干，造成树皮开裂，干枯死亡。在回缩更新后，再生萌发的枝条要及时进行疏芽定梢、摘心短截等整形工作，避免任由自然生长而形成丛生枝或徒长枝，降低结果能力。

五、果实采收

果实成熟脱落前1～2周必须先清除果园杂草、枯枝落叶和其他障碍物。平整树冠下的地面，填补洞穴，清理排水沟。在果实成熟前的一个月内，不施生物或动物粪肥，直至采收结束，以免病菌等污染果实。生产上通常以果实内果皮为褐色至深褐色、果壳褐色坚硬来判定落果成熟，从而确定采收时间。

坚果落到地上后，通常人工或机械收获。在地势不平坦或较小规模的果园，可采用人工收捡。大规模种植且机械化程度较高而又平坦的果园，采用机械收获。

一般收获间隔期为1～2周，每隔1～2周应收获一次，在病虫害较严重的果园，若收获间隔期过长，会加重病虫为害。在潮湿天气，由于霉菌的生长、种子发芽和酸败的发生，会降低种仁质量，应尽量缩短收获间隔期。在干旱季节，若病虫鼠害较少，则可适当延长收获间隔期。

第五章 病虫鼠害及其防治

一、主要病害及其防治

在生长过程中，澳洲坚果常受到各种侵染性病害和非侵染性病害侵害，给生产造成严重的损失。目前，澳洲坚果病害的种类至少28种，其中侵染性病害至少15种，包括菌物性病害12种、细菌性病害1种、病毒病害1种、寄生藻1种；非侵染性病害至少13种。常见的有溃疡病、衰退病、炭疽病、花疫病、灰霉病、拟盘多毛孢叶斑病和白绢病等。其中几种主要病害如由樟疫霉菌(*Phytophthora cinnamomi*)引起的茎干溃疡病和由木炭角菌（*Xylaria abuscula*）等多种侵染性病原和非侵染性病原引起的澳洲坚果衰退病等，常常会造成较大的经济损失，甚至毁园。

（一）茎干溃疡病

病原为卵菌门卵菌纲霜霉目疫霉属的樟疫霉（*Phytophthora cinnamomi* Rands)，侵染澳洲坚果的茎基部、茎干及主枝，导致树势变弱、枝干枯死甚至整株死亡。

1.症状　近地面的茎干或枝条先染病，发病部位树皮变褐、变硬，形成层坏死（图5-1A、B)。病健分界明显，继而病斑中央凹陷，渗出暗褐色黏胶状物，表面严重皱缩，形成溃疡斑（图5-1C)。树皮下的木质部变褐，后期病部树皮开裂；病斑扩大环绕茎干或侧枝一周后，病树叶片褪绿，无光泽，长势差，变矮小，同时出现部分落叶及落果现象，重病树枝条枯死或整株死亡。

2.发病规律　病原菌在潮湿的土壤中存活，通过风、雨水进行传播，从根部、茎基部、茎干或枝条上的伤口处侵入引起发病。土壤湿度大，地势低洼、雨季易积水的地块往往发病严重；结果树较幼龄树或未结果树发病严重；种植过密，田间通风透光性差

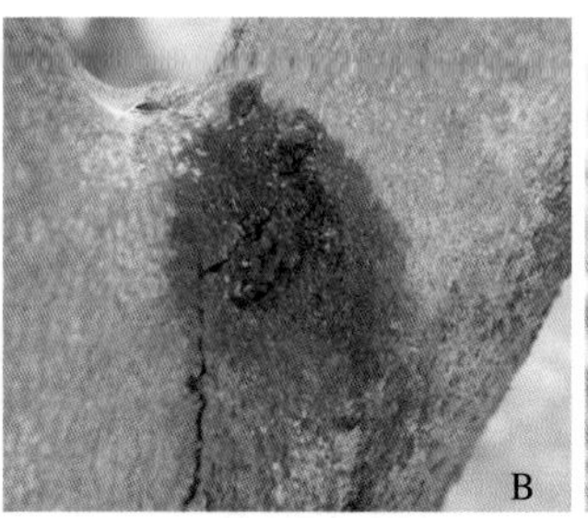

图5-1 澳洲坚果茎干溃疡病的症状

A、B.病茎变黑褐色 C.病茎渗出胶状物

的果园发病严重。

3.防治措施 该病害的防治原则是遵循“选用无病种苗，加强田间水肥管理，以药剂防治为辅”的综合防治原则。

（1）**培育无病种苗和抗病品种。**

（2）**加强栽培管理。**选择排水良好、雨季不积水的地块种植，最好选择未种过油梨的地块；大田定植前彻底清除发病严重或已死亡的病树苗；定植时不宜太深；避免对澳洲坚果的茎干和枝条造成伤口。

（3）**药剂防治。**对发病较轻的病树，可先进行重度修剪，然后彻底刮除溃疡斑处已坏死的树皮和木质部组织，同时用氧氯化铜泥浆（25克/升）或等量的波尔多液（1 ∶ 1 ∶ 25）涂封伤口并包扎。病区在雨季来临前用1%等量波尔多液（图5-2），或80%敌菌丹可湿性粉剂（250微克/毫升）等喷雾树干，可预防此病的发生。对于发病死亡的病树，应连同病根彻底清除，用石灰撒施土壤表面消毒，暴晒数周后重新补种。

（二）植株衰退病

衰退病包括速衰病和慢衰病。该病对澳洲坚果的危害较严重，可导致果园全部毁灭。病原包括侵染性病原和非侵染性病原，甚至个别衰退病是由两者共同作用而引起的。

图5-2 澳洲坚果树干用波尔多液涂白

（1）侵染性病原。包括木炭角菌（*Xylaria abuscula*）、樟疫霉（*Phytophthora cinnamomi* Rands）和辣椒疫霉等菌物。其引起的病害有些呈速衰症状，有些呈慢衰症状。

（2）非侵染性病原。引起衰退病的非侵染性病原种类较复杂，树体的衰退是由于长期不良的生长环境日积月累而影响树体的健康，从而造成树体的衰退。这些不良的生长环境如土壤有机质不足、营养缺乏而影响树体的生长；或者是由于土壤缺乏某些微量元素，如缺镁、缺锌或缺铜等综合造成；或者是土壤的酸碱度不适宜以及土壤微生物种群的不适宜等多种因素造成的。甚至某些树体的衰退，可能是由于非侵染性病原和侵染性病原共同作用的结果，首先是非侵染性病原造成树体长势不良，根系不发达，在一定环境条件下诱发侵染性病原的危害，从而加速树体的衰退。

1.症状

（1）速衰病的症状。

①地上叶片和嫩梢的症状。田间表现为局部植株发病，每年都有个别植株死亡。发病植株首先嫩梢叶片褪绿、缺乏光泽，逐渐向下层的老熟叶片扩展，整个枝条上的叶片变红褐色坏死，最后植株干枯死亡，植株死亡快则1个月，慢则数个月（图5-3）。叶片上未见有任何病征，茎部、茎基部或根部产生了病变，从而引起整个植株的死亡。

图5-3　澳洲坚果速衰病地上部发病症状

②茎干基部和根部的症状。茎基部的树皮变黑褐色，纵切或横切皮层可见内部木质部呈紫黑色至黑色，并且沿茎干向上和向下扩展。维管束变为浅红色至紫红色。挖出的病土较为潮湿且发黑，病根主根和侧根局部变黑腐烂（图5-4）。

图5-4　澳洲坚果速衰病的茎干基部和根部发病症状

（2）**慢衰病的症状**。慢衰病会使植株缓慢死亡，时间可长达数年。其田间发病症状表现为植株发病初期叶片褪绿变浅黄色，树冠稀疏，新抽叶片窄小，发病后期叶缘变成黄色并逐步呈焦枯状，叶片大量脱落（图5-5）。

图5-5　澳洲坚果慢衰病的症状

2.发病规律　木炭角菌主要为害树干，主要引起速衰型症状。病原菌以子座的形式在病树干或腐木上存活，在潮湿的环境条件下，子座上产生子囊壳和子囊孢子，借助雨水的飞溅传播至树干上的伤口上，侵染引起树干发病，病斑围绕树干扩展后，影响植株水分和营养的吸收，造成植株迅速衰退。

樟疫霉和辣椒疫霉主要为害树干和根部，病原菌以卵孢子或厚垣孢子的形式在病树干或土壤中存活，在潮湿的环境条件下，病原菌产生大量的游动孢子，通过树干或根部的伤口或从根尖处直接侵入，引起树干或根部变黑发病，病斑沿侵染点扩展，引起树干变黑腐烂或根部变黑坏死，从而影响植株水分和营养物质吸收，造成植株逐渐衰退。

（1）**病害的发生与果园的湿度有密切关系**。果园地势低洼，排水不良，易积水等潮湿的环境条件均有利于病害的发生。

（2）**病害的发生与土壤质地有密切关系**。土质黏重，土壤中缺乏有机质，营养不足的地块一般易发病；土壤中缺乏化学元素如钾、氮、磷和钙等元素或土壤酸碱度不适宜，易造成植株长势衰弱，植株产生渐变衰退。水土流失严重地区，缺乏一定覆盖物的植株根部裸露，易发病。

（3）**病害的发生与栽培管理有密切关系**。田间缺乏管理，不注意田间植株的修剪，以及缺施有机肥的地块发病往往严重。

3.防治措施　速衰病的病原种类较为复杂，不仅有侵染性病原，也有非侵染性病原。防治应遵循的原则是"加强栽培管理，合理修剪，并辅以药剂防治"。

（1）**加强栽培管理，合理施肥，提高植株的抗病性**。每株施25～50千克的有机肥，以增加土壤有机质的含量、改善土壤微生物的种群和数量；补施钾、氮、磷和钙等多种元素化肥，根据植株的树龄和大小每株施2～4千克。做好水土保持工作，避免因雨水冲刷造成植株根系的裸露。

（2）**树盘覆盖**。选用坚果果皮、杂草、作物秸秆等对树冠滴水线外的地面进行5厘米厚的覆盖，也可以种植"活的覆盖物"如种植假花生等作为覆盖物，以利于植株根系的生长，提高植株的抗病性。

（3）**合理修枝整形**。主要针对由非侵染性病原引起的慢衰病，可进行重度修剪，同时进一步加强水肥管理，增施有机肥和喷施叶面肥，使树体逐渐恢复正常。

（4）**病株处理**。对于发病较快的速衰病，应及时清除病株，病穴撒施石灰消毒，并让土壤暴晒5～7天，然后重新补种。

（5）**选种抗病品种**。新植坚果园要选用抗病品种的接穗嫁接，不种植扦插苗。

（三）花疫病

病原为卵菌门卵菌纲霜霉目疫霉属的多种疫霉，已报道的有辣椒疫霉（*Phytophthora capsici* Leonian）、棕榈疫霉（*P. palmivora* Butler）和烟草疫霉[*P. nicotianae* van Breda de Haan/*P. nicotianae* var. *parasitica*（Dast.）Waterh]，主要为害未发育完全的花序，也可为害正在发育的幼果、顶梢嫩枝及未伸展的嫩叶，对产量造成严重影响。

1.症状 发病初期花序呈现水渍状的褪绿小斑点，随着病斑的迅速扩展，最终导致整个花序变黑褐色坏死，造成花序大量脱落。受害幼果不能正常发育而脱落。

2.发病规律 澳洲坚果的花序在整个发育过程中都会发病，长时间的潮湿天气有利于病菌侵染，种植密度大或树冠郁闭的果园有利于该病的发生。如遇连续2周的雨天，此病即可发生流行。成龄果园往往发病严重。

病原菌以菌丝体、厚垣孢子和卵孢子的形式在病残体和土壤越冬，翌年条件适宜时，产生游动孢子或孢子囊侵入为害部位。种植密度大或树冠郁闭的果园有利于病害的发生；连续阴雨天气，常导致病害流行。

3.防治措施

（1）**严格执行植物检疫**。新植区引进种苗时要严格检疫，避免将该病带进无病区。

（2）**加强栽培管理**。大田种植时要选择合理的株距，并对植株进行适当修剪，以利果园通风透光，降低湿度。避免在冷凉、潮湿及多雨地区种植澳洲坚果。发病初期及时剪除有病的花序，尽量降低病菌数量。

（3）**药剂防治**。发病初期选用代森锰锌可湿性粉剂+高脂膜喷雾防治，也可选用苯菌灵、敌菌丹、瑞毒霉、烯酰吗啉、甲霜锰锌等药剂。

（四）炭疽病

病原为半知菌亚门腔孢纲黑盘孢目炭疽菌属的胶孢炭疽菌（*Colletotrichum gloeosporioides*），为害叶片、嫩梢和幼果。

1.症状

（1）**叶片**。发病初期在叶片上产生暗褐色水渍状不规则病斑，病斑扩展产生近圆形或不规则形的灰褐色或黑色病斑，病斑上产生黑色小点。在潮湿的环境条件或人工保湿的条件下，病部产生粉红色黏液状的孢子堆，受害叶枯黄甚至整片叶枯死（图5-6A）。此外，受害花序枯萎、嫩梢枯死。

（2）**果实**。受害幼果果皮上呈现直径4～19毫米的褐色圆形病斑，病斑可扩展至全果，导致果皮变黑腐烂，潮湿时病果上产生白色的霉状物。病果种壳及种仁不变黑，变黑的幼果易脱落，个别不脱落的果实挂在树上呈僵果。后期病部长出黑色呈轮纹状排列的小黑点（病菌的分生孢子盘）（图5-6B）。

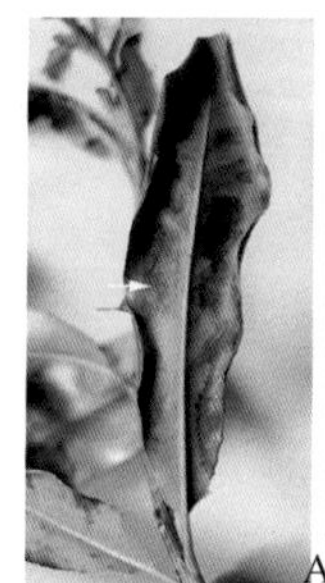

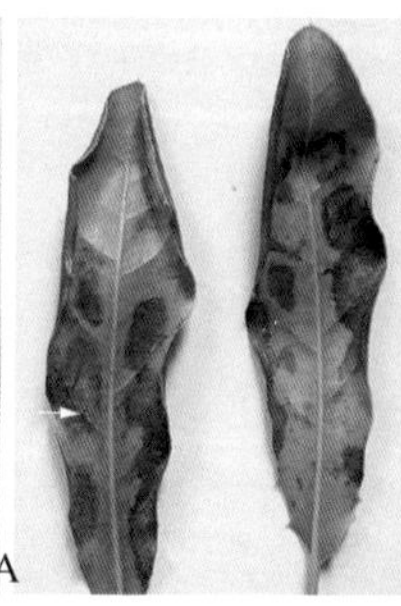

图5-6　澳洲坚果炭疽病的症状

A.叶片上的症状　B.果实上的症状

2.发病规律　病原菌以菌丝体在病叶或未落的僵果上越冬，在潮湿的环境条件下，产生大量的分生孢子，借助风雨传播到叶片或果实上，然后通过叶片或果实上的气孔或伤口侵入，引起发病。在阴雨潮湿的季节或种植密度大的果园，往往发病较为严重。

3.防治措施

（1）**选择或培育抗病品种**。Keauhou是澳洲坚果炭疽病的免疫品种，其他商品化品种只具有中等抗病性。

（2）**加强栽培管理**。雨季前修除下垂枝，保持果园通风透光。

（3）**药剂防治**。发病初期选用多菌灵、克菌丹可湿性粉剂喷雾防治，效果较好，也可用70%甲基硫菌灵可湿性粉剂800～1 000倍液，或80%炭疽福美可湿性粉剂700～800倍液等喷雾防治。

（五）灰霉病

病原为半知菌亚门丝孢纲丝孢目葡萄孢属（*Botrytis cinerea* Pers.）。主要为害花序和嫩叶，受害花序不能发育，结果量大大减少，幼树新抽的嫩芽也可受害。

1.症状

（1）**花序**。染病花序顶端的小花及花序轴上呈现棕色的小坏死斑，造成花序顶端不能正常生长，顶端干缩。条件适宜时病情迅速扩展，常导致整个花序短期内变为黑褐色，后期整个花序枯萎、脱落（图5-7A）。

（2）**嫩叶**。主要发生于幼树的新抽嫩叶上。在冬季低温高湿条件下，幼树新抽嫩叶上呈现细小的水渍状斑点，随病情发展，整片病叶变黑，在病斑表面长出一层灰绿色的霉状物，后期造成新抽叶及枝条枯死（图5-7B）。

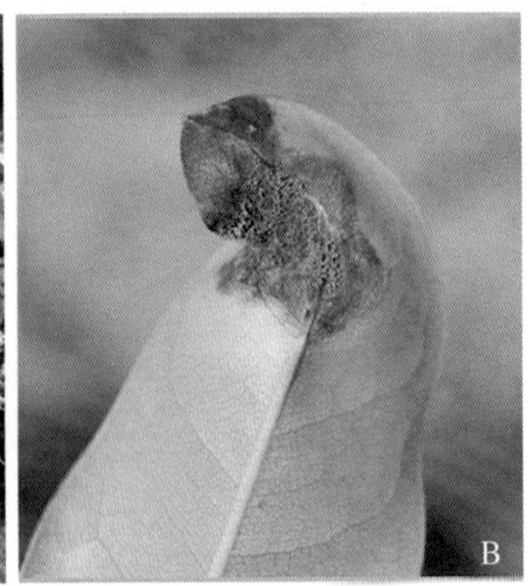

图5-7　澳洲坚果灰霉病的症状
A.花序上的症状　B.嫩叶上的症状（示灰色霉状物）

2.发病规律　该病发生程度随气候条件、病原菌的数量及花序对该病的敏感性而存在很大的差异。病菌分生孢子借气流传播，在冬季侵染幼树的新抽嫩叶，在春季澳洲坚果开花期产生分生孢子侵染花序。长时间高湿及16～18℃条件下有利于该病发生，当花蕾接近最大膨大状态且萼片刚脱落时最易感病，连续阴天或重露天气，该病发生严重。

3.防治措施

（1）**加强栽培管理**。避免高密度种植，合理修剪，使果园通风透光，有利于空气流通，降低湿度。

（2）**药剂防治**。发病初期选用50%甲基硫菌灵可湿性粉剂500～600倍液，或50%代森锌可湿性粉剂600倍液等喷雾防治，也可选用苯菌灵等喷雾防治。

（六）新拟盘多毛孢叶斑病

病原为半知菌类亚门腔孢纲黑盘孢目棒形新拟盘多毛孢属（*Neopestalotiopsis clavispora*）。

1.症状　主要为害叶片。多从叶尖或叶缘开始发病，初期病斑呈水渍状近圆形或不规则红褐色小病斑，逐步扩展形成不规则灰褐色至灰白色的病斑，后期病斑上往往产生黑色小点，即病原菌的分生孢子盘（图5-8）。

图5-8　澳洲坚果新拟盘多毛孢叶斑病的症状

2.发病规律　病菌以菌丝体和分生孢子盘的形式在病株和病残体上越冬，翌年条件适宜时，产生分生孢子，借助雨水传播。高温高湿、果园荫蔽、植株长势衰弱均有利于病害发生。O. C.品种较其他品种发病严重。

3.防治措施

(1) 加强栽培管理，增施有机肥、磷钾肥。合理修枝整形，使果园通风透光，降低果园的湿度。

(2) **药剂防治**。局部发病严重时，可喷施70%代森锰锌可湿性粉剂500～800倍液，或50%多菌灵可湿性粉剂400～600倍液，或70%百菌清可湿性粉剂500～800倍液，或50%异菌脲可湿性粉剂600～800倍液，或10%苯醚甲环唑水分散粒剂800～1 000倍液。

(七) 果壳斑点病

病原为半知菌亚门丝孢纲丝孢目假尾孢属澳洲坚果假尾孢菌(*Pseudocercospora macadamiae*)。

1.症状　该病害仅为害果实。发病初期，在果实表面产生淡黄色的斑点，随着病斑扩展，病斑变成圆形的暗褐色至黑褐色斑。剖开果皮后，果壳产生黄红色至红褐色的病斑（图5-9)。病果表皮开裂。湿度大时，果皮表面产生灰色的霉层。

图5-9　澳洲坚果果壳斑点病的症状

2.发病规律　病原在病果上越冬存活，在高温高湿的环境条件下，产生大量的分生孢子，借助风雨传播，通过伤口或直接侵入幼果的表皮，引起幼果发病。病害的发生与环境的温湿度、栽培管理和采摘方式密切相关，高温高湿、潮湿的环境条件有利于病害的发生。地势低洼、种植过密、不进行修剪和通风不良的地块发病严重。机械采收往往比人工采收发病严重。

3.防治措施

(1) **农业防治**。合理安排种植密度，适当修剪，提高田间的通风透光，降低果园的湿度。

(2) **降低病原菌的数量**。在收获的过程中，尽可能将树上的不良果实清理干净，以减少病原菌的数量。

（3）**化学防治**。在幼果呈豌豆大小时开始喷药，可以选用多菌灵、苯醚甲环唑、丙环唑、烯唑醇和氟硅唑等药剂进行喷药。每月1次，连施3次，喷药要彻底全面覆盖果实。

二、主要虫害及其防治

（一）蝽类

1.为害　为害澳洲坚果的蝽类害虫有半翅目蝽科稻绿蝽[*Nezara viridula*(Linnaeus)]、茶翅蝽(*Halyomorpha picus* Fabricius)、麻皮蝽(*Erthesina fullo* Hunb)、半翅目盾蝽科角盾蝽(*Cantao ocellatus* Thunberg)、半翅目缘蝽科稻棘缘蝽(*Cletus punctiger* Dallas)、黑竹缘蝽(*Notobitus meleagris* Fab.)、红背安缘蝽(*Anoplocnemis phasiana* Fab.)等。蝽类害虫以成虫、若虫刺吸嫩枝、花穗、幼果的汁液，导致落花落果。其分泌的臭液触及花蕊、嫩叶及幼果等可导致接触部位枯死，刺吸为害嫩果（种壳未栓化的果）时果实不脱落，果壳继续发育，但果仁发育停止而下陷、干瘪或招致病菌侵染而腐烂变质，严重影响品质和产量，个别果园受害面积达40%以上(图5-10至图5-19)。

2.防治技术

（1）**农业防治**。砍矮澳洲坚果园内杂草，如猪屎豆、蜘蛛草和其他豆科植物，以减少该类害虫的寄主食料。

（2）**生物防治**。野外的主要天敌有蜘蛛、蚂蚁、胡蜂、鸟、青蛙等，寄生天敌主要为小黑卵蜂，注意保护和利用。

（3）**化学防治**。掌握好如下关键时期：

①花谢后小果期、果实膨大期直至6月中旬坚果种壳木栓化，可用10%吡虫啉可湿性粉剂1 500倍液或阿维菌素1 500倍液喷雾。15～20天1次，轮换用药。

②若虫盛发高峰期，若虫群集在卵壳附近尚未分散时用药，可用菊酯类（溴氰菊酯、氯氰菊酯）等农药2 000～3 000倍液喷雾。

蝽类为害坚果

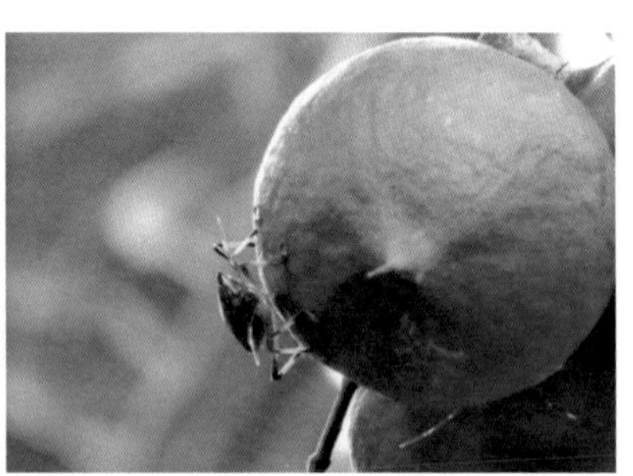

蝽类正在刺吸为害

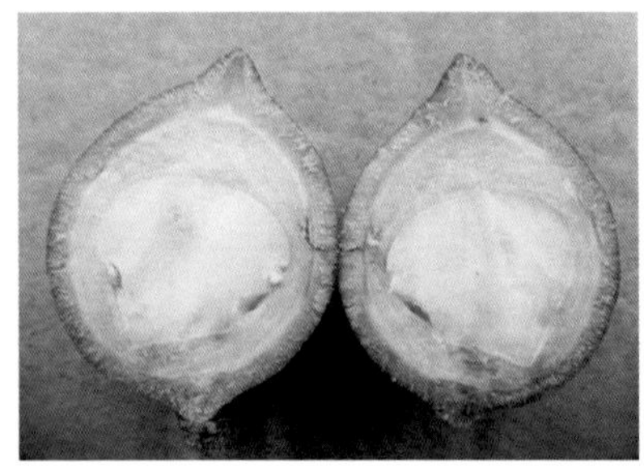

果实受蝽类为害（前期）

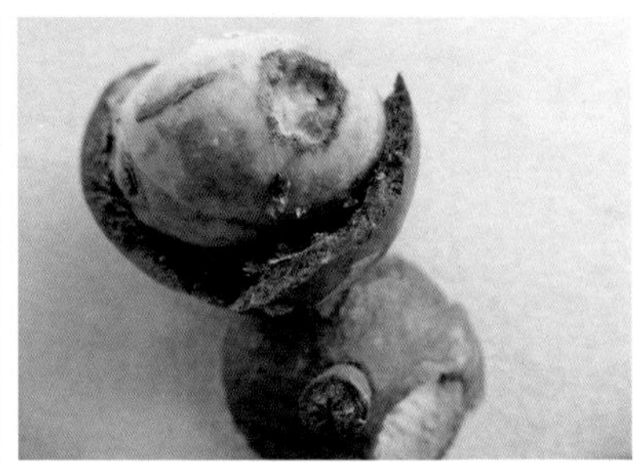

果实受蝽类为害（后期）

图5-10　蝽类

图5-11　稻绿蝽（全绿型）

图5-12　稻绿蝽（斑点型）

图5-13　稻绿蝽（黄肩型）

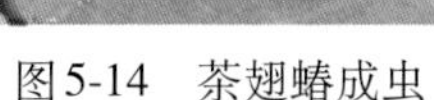

图5-14　茶翅蝽成虫

图5-15　麻皮蝽成虫

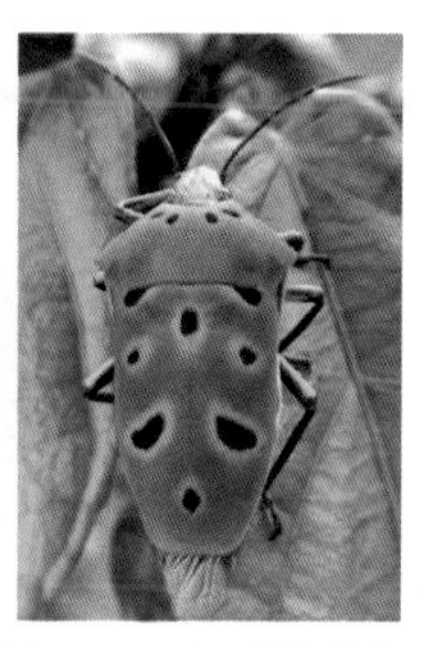

图5-16　角盾蝽成虫

图5-17　稻棘缘蝽成虫

图5-18　黑竹缘蝽成虫

图5-19　红背安缘蝽成虫

（二）卷蛾类

1.为害　为害澳洲坚果果实的卷蛾类害虫有荔枝异形小卷蛾（*Cryptophtebia ombrodelta* Lower）和相思子异形小卷蛾（*Cryptophlebia illepida*）等。成虫在果实上产卵，幼虫孵化后蛀入果皮取食，甚至蛀入果仁为害，在蛀孔留有褐色颗粒状虫粪及丝状物，蛀孔随着幼虫的生长而逐渐变大，老熟幼虫在果皮裂缝或果与果连接处或果内化蛹，羽化时蛹壳半露果外（图5-20至图5-22）。

2.防治技术

（1）农业防治。树下的落叶、落果和树上僵果、果园杂草是害虫栖息越冬的寄主，在冬季进行清除或深埋，减少翌年的虫源。及时捡除落果和摘除病虫果集中销毁，以消灭果中幼虫。

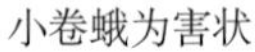

小卷蛾为害状

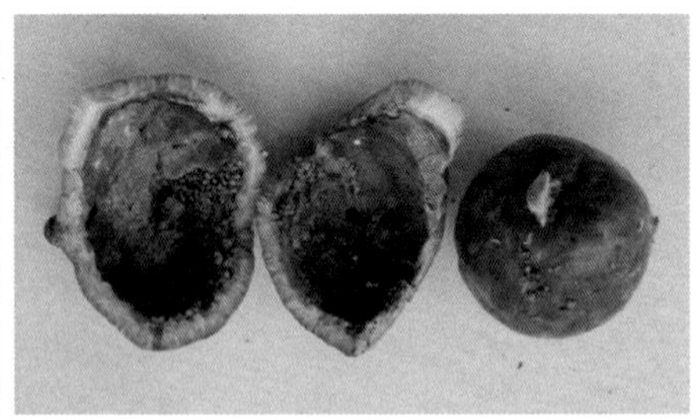

小卷蛾幼虫蛀入果内

图5-20 卷蛾类

图5-21 荔枝异形小卷蛾成虫

图5-22 相思子异形小卷蛾成虫

（2）**生物防治**。天敌有松毛虫赤眼蜂（*Trichogramma dendroimi*）、寄生性小茧蜂（*Apanteales briaerus*）和*Bracon* sp.等，可加以保护利用。

（3）**化学防治**。在成虫产卵盛期、卵孵期，每隔10～15天对果实喷1次20%氯虫苯甲酰胺5 000倍液，或50%灭幼脲1 500倍液，或10%吡虫啉3 000倍液。

（三）桃蛀螟

1.为害　桃蛀螟[*Conogethes punctiferalis* (Guenée)]又称桃斑螟、桃蛀心虫或桃蛀野螟，属于鳞翅目草螟科。该虫以幼虫蛀食澳洲坚果果实为害，结果树平均受害率为10%左右，为害严重时果实被蛀率达20%以上，导致严重减产。成虫喜在成串的果实果与果相连处产卵。幼虫孵化后多从果蒂部或果与叶及果与果相接处蛀入，果实幼嫩时可蛀进果仁危害，种壳变硬后一般只为害果皮部分。被害果实有蛀孔，外面有褐色粪便黏结，果内也充满虫粪。幼虫可转果为害，一头幼虫可为害果实2～3个，老熟后多在果柄处或两果相接处结茧化蛹（图5-23）。

桃蛀螟为害状

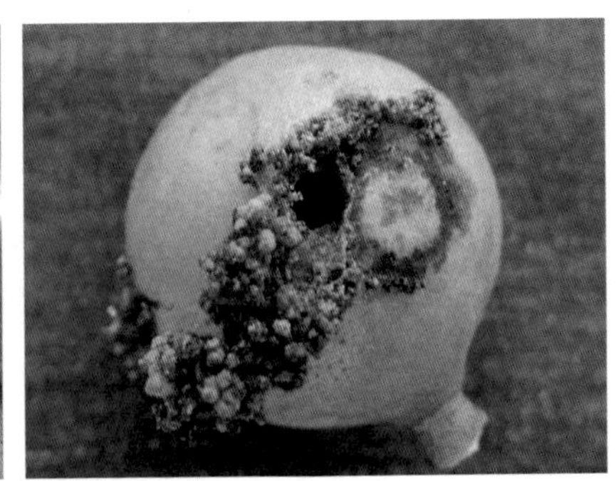

桃蛀螟蛀果孔

桃蛀螟成虫

桃蛀螟幼虫

图5-23　桃蛀螟

2.防治技术

（1）**农业防治。**早春刮除主干大枝杈处的老翘皮，压低越冬幼虫数量。

（2）**物理防治。**

①每50亩安装1盏黑光灯诱杀成虫。

②9月上旬在主干、主枝每隔50厘米处绑圈草把，诱集幼虫越冬集中销毁。

③用性诱剂、糖醋液诱杀成虫。

(3) 生物防治。保护和利用其天敌，如黄眶离缘姬蜂、广大腿小蜂等。

(4) 化学防治。成虫高峰期使用5%氰戊菊酯1 500倍液，或2.5%高效氯氟氰菊酯2 000倍液，或1%甲氨基阿维菌素苯甲酸盐2 000倍液，或1%甲维盐微乳剂2 000倍液+25%灭幼脲1 500倍液喷雾防治，药剂轮换使用。

(四) 蚧类

1.为害 为害澳洲坚果的蚧类害虫主要有同翅目粉蚧科的堆蜡粉蚧（*Nipaecoccus vastator Maskell*）、盾蚧科的矢尖盾蚧（*Umaspis yunnanensis* Ruwona）和糠片盾蚧（*Parlatoria pergandii* Comstock）等。它们以若虫、雌成虫刺吸为害澳洲坚果果实、叶和嫩枝等的汁液，影响果实质量，削弱树势，还能诱发严重煤污病（图5-24）。

堆蜡粉蚧

矢尖盾蚧

糠片盾蚧

图5-24 蚧 类

2.防治技术

（1）农业防治。

①加强水肥管理，增强树势，提高抗虫害能力。

②结合果树修剪，剪除密集的遮荫枝、弱枝和受害严重的枝。

③剪下的有虫枝条放在空地上待天敌飞出后再烧毁。

（2）生物防治。保护和利用蚧类的天敌，如红缘瓢虫、黑缘红瓢虫和二点红瓢虫等，以发挥其自然控制蚧类为害的作用。

（3）化学防治。在卵孵化高峰期喷洒如下药剂：40%啶虫·毒死蜱1 500～2 000倍液，或5.7%甲维盐乳油2 000倍液，或5%吡虫啉乳油1 000倍液，或30号机油乳剂30～40倍液。7～10天后再喷1次。

（五）蚜虫类

1.为害　为害澳洲坚果的蚜虫有橘蚜（*Toxoptera citricidus* Kirkaldy）、桃蚜（*Myzus persicae*）、橘二叉蚜（*Toxoptera aurantii*）等，均属于同翅目蚜科。其若虫、成虫以刺吸的方式为害澳洲坚果的嫩芽、花穗，造成嫩叶扭曲，削弱树势，影响生长；花穗干枯脱落，影响产量；刺吸幼果，影响果实品质（图5-25）。

橘蚜

桃蚜

橘二叉蚜

图5-25　蚜虫类

2. 防治技术

（1）**农业防治**。加强田间管理，清除或减少虫源植物。

（2）**生物防治**。蚜虫的天敌有双带盘瓢虫（*Lemnudia biplagiata* Swans）、细缘唇瓢虫（*Rodolia pumila* Weise）、狭臀瓢虫（*Coccinella repanda* Fab）、六斑月瓢虫（*Menochilus sexmaeulata*）、白斑猎蛛（*Oxyopes* sp.）等，可加以保护和利用。

（3）**化学防治**。虫害发生严重时可喷施50%啶虫脒水分散粒剂3 000倍液，或5.7%甲维盐乳油2 000倍液，或2.5%鱼藤精300～500倍液，或1.8%阿维菌素3 000～4 000倍液。

（六）蓟马类

1. 为害　蓟马类害虫在我国澳洲坚果产区均有发生。其成虫、若虫多在嫩叶背锉吸汁液，被害叶片叶缘卷曲不能伸展，呈波纹状，叶脉淡黄绿色，叶肉出现黄色挫伤点，似花叶状，受害叶片最后变黄、变脆、易脱落。新梢顶芽受害，生长点受抑制，出现枝叶丛生现象或顶芽枯萎。此外，还可为害幼果，使果表皮隆起并覆盖黑褐色胶质膜块或黄褐色粉粒状物（图5-26）。

茶黄蓟马

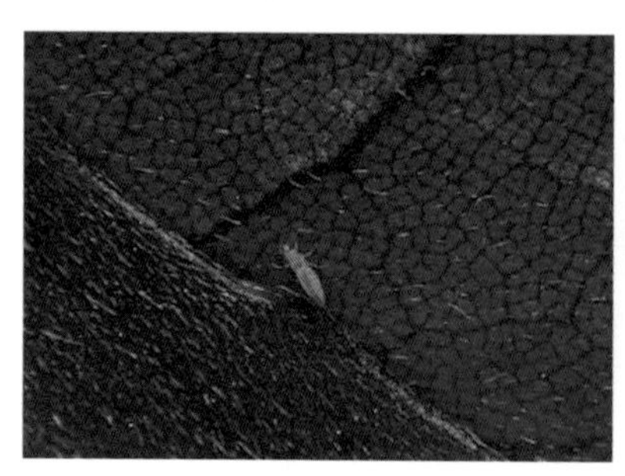

黄胸蓟马

红带滑胸针蓟马

图5-26　蓟马类

2.防治技术

(1) **农业防治**。加强田间管理，增强植株自身抵抗能力，能较好地预防蓟马的侵害。

(2) **生物防治**。利用蓟马的天敌如捕食性蜘蛛及钝绥螨等可有效控制蓟马的数量。

(3) **化学防治**。施用多杀霉素1 000倍液或者0.3%印楝素乳油400倍液等，阿维菌素类药剂、多杀菌素、吡虫啉等可以作为替代农药轮换使用。

（七）蓑蛾类

1.为害　蓑蛾因其幼虫终生匿居在各自吐丝结缀而成的护囊内，故又称“避债蛾”，属于鳞翅目蓑蛾科。为害澳洲坚果的蓑蛾类有大蓑蛾(*Clania variegata* Snellen)、茶蓑蛾(*Cryptothelea minuscula* Heylaerts)、小蓑蛾(*Clania minasula* Butle)、蜡彩蓑蛾(*Chalia larminati* Heylaerts)、白囊蓑蛾(*Chaliodes kondonis* Matgumura)等多种。其以幼虫的头胸部伸出护囊外咬食寄主的叶片、嫩枝外皮和幼芽为害，发生严重时，可把叶片吃光，导致果树枯萎（图5-27）。

蓑蛾为害坚果树叶

蓑蛾为害状

大蓑蛾

茶蓑蛾

小蓑蛾

蜡彩蓑蛾

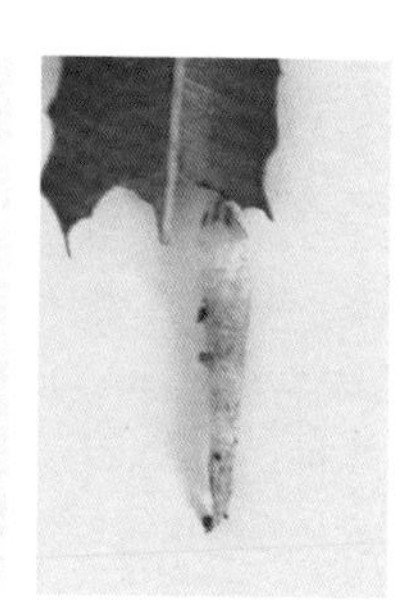

白囊蓑蛾

图5-27 蓑蛾类

2.防治技术

（1）**农业防治。**人工摘除蓑蛾护囊，集中烧毁。

（2）**生物防治。**保护和利用天敌如捕食性的蜘蛛、螳螂、猎蝽和鸟类等，寄生性天敌有姬蜂类、小蜂类、寄生真菌和细菌等。为害较严重时，可施用白僵菌或Bt制剂500倍液。

（3）**化学防治。**于晴天或阴天下午喷施20%灭幼脲悬胶剂1 000～2 000倍液，或2.5%溴氰菊酯乳油2 000～3 000倍液等。

（八）卷叶蛾类

1.为害　为害澳洲坚果的卷叶蛾类有柑橘长卷蛾（*Homona*

coffearia Meyrick）、小黄卷蛾（*Adoxophyes fasciata* Wals.）、柑橘黄卷蛾（*Archips eucroca* Diakonoff）等，属于鳞翅目卷叶蛾科。幼虫吐丝将嫩叶、花器结缀成团，匿居其中取食为害幼叶和花穗。为害严重时，幼叶残缺破碎，花穗残缺枯死脱落（图5-28）。

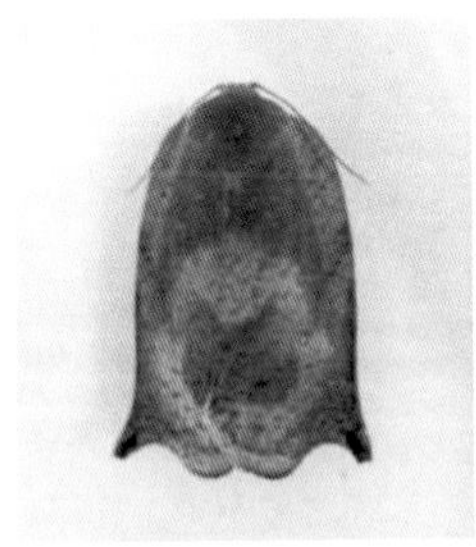
柑橘长卷蛾成虫

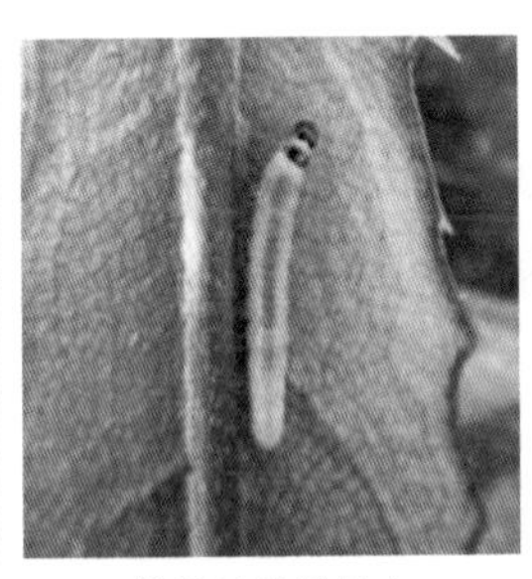
柑橘长卷蛾幼虫

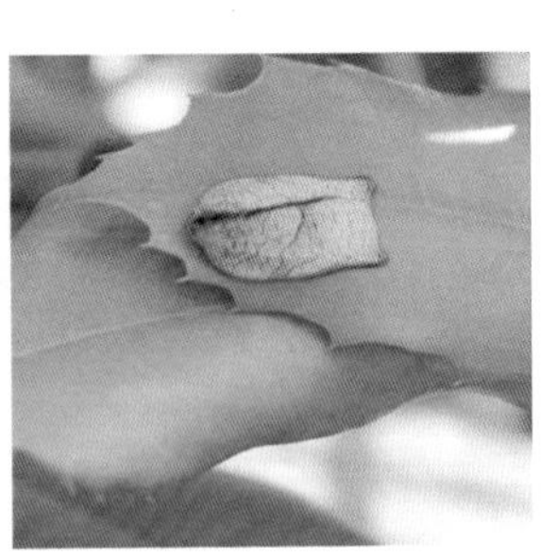
茶长卷蛾成虫

小黄卷蛾成虫

小黄卷蛾幼虫

图5-28　卷叶蛾类

2.防治技术

（1）**农业防治**。冬季清园，修剪病虫害枝叶，砍低果园杂草，将枯枝落叶埋入肥沟。在新梢期、花穗抽发期，巡视果园，人工摘除卷叶、花穗、弱密梢和幼果上的虫苞。

（2）**生物防治**。在发生密度低时，选用较低毒的生物制剂，如Bt生物制剂800倍液，或1.8%阿维菌素4 000～5 000倍液，或复方虫螨治可湿性粉剂600倍液喷雾。

(3) **化学防治**。掌握幼虫初孵至盛孵时期，及时喷药，每次隔10天左右，连续2～3次。药剂有：2.5%溴氰菊酯（敌杀死）乳油，或10%氯氰菊酯乳油或5%高效氯氰菊酯乳油2 000～2 500倍液，其他菊酯类杀虫剂混配生物杀虫剂。

（九）坚果环蛀蝙蛾

1.为害　坚果环蛀蝙蛾（*Phassus* sp.）是一种鳞翅目蝙蝠蛾科的害虫，以幼虫环蛀澳洲坚果苗木和幼树茎基部皮层，在距地面3～5厘米处环蛀幼树韧皮部，将其全部吃光，直接切断植株输导组织，致使苗木和幼树茎基树皮环状受害而枯死（图5-29）。

坚果环蛀蝙蛾为害坚果树干

坚果环蛀蝙蛾幼虫

图5-29　坚果环蛀蝙蛾

2.防治技术

(1) **农业防治**。

①结合果园冬季管理，利用涂白剂对近地面50厘米高的树干涂白。

②人工钩除树干基部树皮的幼虫。

(2) **生物防治**。果园养鸡、保护益鸟等可减轻该虫害。

(3) **化学防治**。在5—6月上旬幼虫为害期，用80%甲萘威800倍液或20%杀灭菊酯2 000～4 000倍液或80%敌敌畏乳油800～1 000倍液喷雾澳洲坚果树干和根部，杀死幼虫。

（十）拟木蠹蛾类

1.为害　为害澳洲坚果的拟木蠹蛾类害虫主要有荔枝拟木蠹蛾（*Arbela dea* Swinboe）、相思拟木蠹蛾（*Arbela baibarana* Matsumura），均属鳞翅目拟木蠹蛾科。该类害虫以幼虫钻蛀枝干皮层，常吐丝缀连虫粪和树皮屑形成隧道，白天匿居坑道中，夜间钻出，沿隧道啃食树皮，削弱树势。为害严重时，可致使枝干枯死，幼树死亡（图5-30）。

荔枝拟木蠹蛾为害状

相思拟木蠹蛾为害状

荔枝拟木蠹蛾幼虫

相思拟木蠹蛾幼虫

图5-30　拟木蠹蛾类

2.防治技术

（1）**人工防治**。用铁丝钩除虫粪木屑形成的隧道，刺杀坑道内幼虫和蛹。

（2）**生物防治**。在低龄幼虫期，可在隧道处喷洒白僵菌水剂。

（3）**化学防治**。

①经常巡视果园，若发现幼虫坑道，即用棉花蘸80%敌敌畏乳油100倍液或50%辛硫磷乳油100倍液堵塞孔口，或灌注坑道。

②在低龄幼虫盛期，选用2.5%溴氰菊酯乳油2 000倍液，或4.5%三氟氯氰菊酯乳油2 000倍液，在下午或傍晚喷湿隧道或隧道附近枝干的表皮。

（十一）天牛类

1.为害　为害澳洲坚果的天牛类害虫主要有蔗根天牛[*Dorysthenes granulosus*（Thomson）]、星天牛（*Anoplophora chinensis* Forster）、褐天牛（*Nadezhdiella cantori* Hope）等，均属于鞘翅目天牛科。以幼虫钻蛀为害树干基部和主根，常使被害的枝叶凋萎，严重时造成树木枯死（图5-31）。

天牛幼虫为害坚果树干

天牛幼虫为害状

蔗根天牛成虫

星天牛成虫

褐天牛成虫

图5-31　天牛类

2.防治技术

（1）农业防治。

①人工清除虫卵，用刀刮除树干上产卵裂口，集中销毁。

②成虫出现期，人工捕捉成虫，钩杀蛀道幼虫。

③在冬季来临之前，在涂白树干时加入杀虫剂，混合均匀后搅拌成糨糊状，均匀涂刷距地面50～80厘米树干。

（2）生物防治。可在树干蛀洞内注入昆虫病原线虫或绿僵菌，使幼虫感病致死。

（3）化学防治。

①用棉球蘸低毒杀虫药剂，沿虫孔塞入坑道内。

②成虫出现期7～10天喷1次，可连喷2～3次。药剂为20%甲氰菊酯乳油1 500～2 000倍液，或40%毒死蜱乳油800～1 000倍液。

（十二）白蚁类

1.为害　为害澳洲坚果的白蚁有多种，常见的有黑翅土白蚁（*Odontotermes formsanus* Shiraki）、黄翅大白蚁（*Macrotermes barmeyi* Lignt）、台湾乳白蚁（家白蚁）（*Coptotermes formosanus* Shiraki）等。其工蚁藏匿于泥背或泥线下，啃食坚果树皮、浅木质层和根部，当侵入木质部后，易给寄主造成伤口，引起真菌入侵，严重时树干枯萎；尤其对幼树，极易造成死亡（图5-32）。

白蚁为害坚果树

白蚁为害状

黑翅土白蚁工蚁为害状

黄翅大白蚁工蚁为害状

台湾乳白蚁工蚁为害状

图5-32　白蚁类

2.防治技术

(1) **农业防治。**对于新开的果园，定植果苗前，在种植坑穴中施适量石灰、草木灰或火烧泥土，可减少白蚁侵害苗木；清理坚果园中的枯枝，集中运出园外。

（2）**生物防治**。白蚁的天敌有蜘蛛、蚂蚁、蜻蜓、青蛙、鸟类等，可加以保护和利用。

（3）**化学防治**。

①在蚁害较多的果园、苗圃，尤其是开垦荒地的新果园，应经常检查蚁情，一旦发现有蚁害，及时用药喷淋蚁巢、蚁路或受害植株根茎，药剂主要有40%辛硫磷乳油500～600倍液，或48%乐斯本乳油1 000～1 500倍液。

②在泥路上每隔2～3米挑开泥背线撒施灭蚁粉剂。

③为害严重的果园，每隔20米放1条灭蚁饵条。从3月开始，每月施放1次，下雨淋湿后应重放。

三、鼠害及其防治

1.为害　老鼠为害广泛存在于澳大利亚、南非以及中国等地区，是全世界坚果种植中面临的难题，没有彻底的防治方法，只能通过综合措施进行防治。鼠害通常发生在果仁油脂转化期至收获期，一般可见果壳上被咬穿一个直径约1厘米的洞，老鼠从这个洞可吃到果仁（图5-33）。

图5-33　老鼠为害状

2.防治措施

（1）保持果园干净，果园杂草不宜留过高，及时清理园内枯枝及旧的坚果，在果园外围一圈留一条10米的开阔地带，阻止老鼠进入果园。

（2）清除园内及附近的老鼠巢。

（3）饲养狗、猫等老鼠的天敌。

（4）投放灭鼠诱饵（图5-34）。

（5）果实成熟期用厚0.1毫米以上、宽50厘米塑料薄膜包树干，或在树干上套铁皮罩，阻止老鼠上树（图5-35）。

（6）利用老鼠舔爪的习性，在树干上涂抹膏状无味鼠药（图5-36）。

图5-34 投放灭鼠诱饵

图5-35 在树干上绑光滑塑料

图5-36 树干涂抹膏状鼠药

主要参考文献

陆超忠，肖邦森，孙光明，等，2000. 澳洲坚果优质高效栽培技术[M]. 北京：中国农业出版社.

王文林，陈海生，周详，等，2020. 澳洲坚果病虫原色图谱[M]. 北京：中国农业出版社.

曾辉，杜丽清，2017. 澳洲坚果品种图谱[M]. 北京：中国农业出版社.

邹明宏，杜丽清，2018. 澳洲坚果种植者手册[M]. 北京：中国农业出版社.

Shigeura G T, Ooka H, 1984. Macadamia nuts in Hawaii: history and production[M]. Honolulu: Research Extension Series: 39

Topp B L, Nock C J, Hardner C M, et al., 2019 *Macadamia* (*Macadamia* spp.) breeding. [M]. Switzerland: Springer.